高等学校应用型本科创新人才培养计划系列教材

高等学校计算机类专业课改系列教材

Web 编程基础

（第二版）

刘荣香　杜永生　王绪虎

编著

青岛英谷教育科技股份有限公司

西安电子科技大学出版社

内 容 简 介

本书深入讲解了 Web 编程的三大技术——HTML、CSS 和 JavaScript 的语法和作用。全书分为理论篇和实践篇。理论篇介绍了 HTML 基础，表格、表单和框架，CSS 样式，页面布局，JavaScript 基础，JavaScript 对象，DOM 和 BOM 编程，表单验证及特效等；实践篇通过综合运用 HTML、CSS 和 JavaScript 技术，完成了一个网站项目。

本书重点突出、偏重应用，结合理论篇的实例和实践篇的案例进行讲解、剖析，使读者能迅速理解并掌握 Web 编程的基本知识，全面提高动手能力。

本书适用面广，可作为本科计算机科学与技术、软件工程、网络工程、计算机软件、计算机信息管理、电子商务和经济管理等专业的程序设计课程的教材。

图书在版编目(CIP)数据

Web 编程基础 / 刘荣香等编著. --2 版. --西安：西安电子科技大学出版社，2024.2
ISBN 978-7-5606-7204-5

Ⅰ. ①W… Ⅱ. ①刘… ② Ⅲ. ①网页制作工具—程序设计 Ⅳ. ①TP393.092

中国国家版本馆 CIP 数据核字(2024)第 023057 号

策划编辑 毛红兵
责任编辑 高 樱
出版发行 西安电子科技大学出版社(西安市太白南路 2 号)
电 话 (029)88202421 88201467 邮 编 710071
网 址 www.xduph.com 电子邮箱 xdupfxb001@163.com
经 销 新华书店
印刷单位 广东虎彩云印刷有限公司
版 次 2024 年 2 月第 2 版 2024 年 2 月第 1 次印刷
开 本 787 毫米×1092 毫米 1/16 印 张 19
字 数 447 千字
定 价 55.00 元
ISBN 978-7-5606-7204-5 / TP
XDUP 7506002-1
***** 如有印装问题可调换 *****

❖❖❖ 前　　言 ❖❖❖

本科教育是我国高等教育的基础，而应用型本科教育是高等教育由精英教育向大众化教育转变的必然产物，是社会经济发展的要求，也是今后我国高等教育规模扩张的重点。应用型创新人才培养的重点在于训练学生将所学理论知识应用于解决实际问题，这主要依靠课程的优化设计以及教学内容和方法的更新。

另外，随着我国计算机技术的迅猛发展，社会对具备计算机基本能力的人才需求急剧增加，"全面贴近企业需求，无缝打造专业实用人才"是目前高校计算机专业教育的革新方向。为了适应高等教育体制改革的新形势，积极探索适应 21 世纪人才培养的教学模式，我们组织编写了高等学校计算机类专业课改系列教材。

该系列教材面向高校计算机类专业应用型本科人才的培养，强调产学研结合，经过了充分的调研和论证，并参照多所高校一线专家的意见，具有系统性、实用性等特点，旨在使读者在系统掌握软件开发知识的同时，提高综合应用能力和解决问题的能力。

该系列教材具有如下几个特色。

1. 以培养应用型人才为目标

本系列教材以培养应用型软件人才为目标，在原有体制教育的基础上对课程进行了改革，强化"应用型"技术的学习，使读者在经过系统、完整的学习后能够掌握如下技能：

- 掌握软件开发所需的理论和技术体系以及软件开发过程规范体系；
- 能够熟练地进行设计和编码工作，并具备良好的自学能力；
- 具备一定的项目经验，包括代码调试、文档编写、软件测试等内容；
- 达到软件企业的用人标准，做到学校学习与企业工作的无缝对接。

2. 以新颖的教材架构来引导学习

本系列教材采用的教材架构打破了传统的以知识为标准编写教材的方法，采用理论篇与实践篇相结合的组织模式，引导读者在学习理论知识的同时，加强实践动手能力的训练。

理论篇：学习内容的选取遵循"二八原则"，即，重点内容由企业中常用的 80%的技术组成。每个章节设有本章目标，明确本章学习重点和难点，章节内容结合示例代码，引导读者循序渐进地理解和掌握这些知识和技能，培养学生的逻辑思维能力，掌握软件开发的必备知识和技巧。

实践篇：集多点于一线，任务驱动，以完整的具体案例贯穿始终，力求使学生在动手实践的过程中，加深对课程内容的理解，培养学生独立分析和解决问题的能力，并配备相关知识的拓展讲解和拓展练习，拓宽学生的知识面。

另外，本系列教材借鉴了软件开发中的"低耦合，高内聚"的设计理念，在组织结构上遵循软件开发中的 MVC 理念，即在保证最小教学集的前提下可以根据自身的实际情况对整个课程体系进行横向或纵向裁剪。

3. 提供全面的教辅产品来辅助教学实施

为充分体现"实境耦合"的教学模式，方便教学实施，本系列教材配备可配套使用的项目实训教材和全套教辅产品。

实训教材：集多线于一面，以辅助教材的形式，提供适应当前课程(及先行课程)的综合项目，按照软件开发过程进行讲解、分析、设计、指导，注重工作过程的系统性，培养读者解决实际问题的能力，是实施"实境"教学的关键环节。

立体配套：为适应教学模式和教学方法的改革，本系列教材提供完备的教辅产品，主要包括教学指导、实验指导、电子课件、习题集、实践案例等内容，并配以相应的网络教学资源。教学实施方面，本系列教材提供全方位的解决方案(课程体系解决方案、实训解决方案、教师培训解决方案和就业指导解决方案等)，以适应软件开发教学过程的特殊性。

本书还在第一版的基础上进行了内容更新：遵循 Web 标准中的结构和表现相分离的原则，缩减 HTML 标签中关于样式属性的内容，增加介绍 CSS 的篇幅；删除陈旧内容，增加 HTML5 和 CSS 新元素；增加 ES6 新增特性。由于 Dreamweaver 的所见即所得不够彻底，不支持现代前端框架，不能识别解析、动态渲染自定义的标签、组件，因此本书的示例程序开发工具更新为 VSCode。

本书由青岛理工大学刘荣香老师、王绪虎老师，济宁学院杜永生老师与青岛英谷教育科技股份有限公司合作编写。参与本书编写工作的还有邢延超、王燕、何莉娟、刘江林、宫兆魁、孟洁等。本书在编写期间得到了各合作院校专家及一线教师的大力支持与协作，在此，衷心感谢每一位老师与同事为本书出版所付出的努力。

由于编者水平有限，书中难免有不足之处，欢迎大家批评指正！读者在阅读过程中若发现问题，可以通过邮箱(yinggu@121ugrow.com)发给我们，以期进一步完善。

本书编委会
2023 年 6 月

❖❖❖ 目　　录 ❖❖❖

理　论　篇

实　践　篇

理论篇

第1章 HTML 基 础

本章目标

- 了解 Web 发展史及 HTML 特点
- 掌握 HTML 文档结构的组成
- 掌握 HTML 的语法结构
- 掌握 meta 标签的使用
- 掌握文本标签的使用
- 掌握分隔标签的使用
- 掌握各种列表标签的使用
- 掌握各种超链接的使用
- 掌握图像标签的使用

1.1 Web 概 述

Web(World Wide Web，万维网)出现于 1989 年 3 月，由欧洲粒子物理研究所(CERN，European Organization for Nuclear Research)的科学家 Tim Berners-Lee 发明。1990 年 11 月，第一个 Web 服务器开始运行。1991 年，CERN 正式发布了 Web 技术标准。1993 年，第一个图形界面的浏览器 Mosaic 开发成功。1995 年，著名的 Netscape Navigator 浏览器问世。随后，微软公司推出了 IE 浏览器(Internet Explorer)。目前，与 Web 相关的各种技术标准都由 W3C 组织(World Wide Web Consortium)管理和维护。

 W3C 是英文 World Wide Web Consortium 的缩写，中文意思是 W3C 理事会或万维网联盟。W3C 是专门致力于创建 Web 相关技术标准并促进 Web 向更深、更广发展的国际组织，于 1994 年 10 月在麻省理工学院计算机科学实验室成立，其创建者就是万维网的发明者 Tim Berners-Lee。

Web 是一个分布式的超媒体(hypermedia)信息系统，它将大量的信息分布于整个 Internet 上。Web 用链接的方法能非常方便地从 Internet 上的一个站点访问另一个站点(也就是所谓的"链接到另一个站点")，从而主动地按需获取丰富的信息。

从技术层面来看，Web 技术主要有三点，即超文本传输协议(HTTP)、统一资源定位符(URL)及超文本标签语言(HTML)。

1.1.1 超文本传输协议

超文本传输协议(HTTP，HyperText Transfer Protocol)是客户端浏览器或其他程序与 Web 服务器之间的应用层通信协议，用于实现客户端和服务器端的信息传输。在 Internet 上的 Web 服务器上存放的都是超文本信息，客户端需要通过 HTTP 协议传输所要访问的超文本信息。HTTP 不仅用于 Web 访问，也可以用于其他因特网或内联网应用系统之间的通信，从而实现各类应用资源超媒体访问的集成。

1.1.2 统一资源定位符

统一资源定位符(URL，Uniform/Universal Resource Locator)是用于完整地描述 Internet 上网页和其他资源地址的一种表示方法，实现了互联网信息定位的统一标识。Internet 上的每一个网页都具有一个唯一的名称标识，通常称为 URL 地址，这种地址可以是本地磁盘，也可以是局域网上的某一台计算机，更多的是 Internet 上的站点。简单地说，URL 就是 Web 地址，俗称"网址"。

当需要访问一个网站时，可以在浏览器的地址栏中输入网址，也可以直接输入网站域名。例如，在浏览器地址栏中输入百度网站的域名：www.baidu.com，当百度网站打开之后，地址栏中的地址变成了：http://www.baidu.com，这个地址就是百度首页的 URL。

URL 主要由三部分组成：协议类型，存放资源的域名或主机 IP 地址，资源文件名。

其语法格式如下：

```
protocol://hostname[:port]/path/[;parameters][?query]#fragment
```

其中：

- ◇ protocol(协议)：指定使用的传输协议，最常用的是 HTTP 协议，另外还有 File 协议(访问资源是本地计算机上的文件)、FTP 协议(File Transfer Protocol，文件传输协议，通过 FTP 协议可访问 FTP 服务器上的资源)等。
- ◇ hostname(主机名)：存放资源的服务器的域名或 IP 地址。
- ◇ port(端口号)：为可选项，省略时使用默认端口。各种常用传输协议都有默认的端口号，如 HTTP 协议的默认端口是 80。
- ◇ path(路径)：由 0 个或多个"/"符号隔开的字符串，一般用来表示主机上的一个目录或文件地址。
- ◇ parameters(参数)：为可选项，可以用于指定特殊参数。
- ◇ query(查询)：为可选项，用于给动态网页传递参数，可以有多个参数，用"&"符号隔开，每个参数的名和值用"="符号隔开。
- ◇ fragment(字符串)：用于指定网络资源中的片段。例如，一个网页中有多个名词解释，可使用 fragment 直接定位到某一个名词解释。

1.1.3　超文本标签语言

超文本标签语言(HTML，HyperText Mark-up Language)，是目前网络上应用最为广泛的语言，也是构成网页文档的主要语言。该语言能够把存放在一台计算机中的文本或资源与另一台计算机中的文本或资源方便地联系在一起，从而形成有机的整体。例如，人们访问 Internet 时不用考虑具体信息所处的位置，只需使用鼠标在某一文档中单击一个图标或链接，Internet 就会马上转到与此图标或链接相关的页面上去，而这些信息可能存放在网络的任意一台计算机中。另外，HTML 是网络的通用语言，是一种简单、通用的标签语言。它允许网页制作人建立文本与图片相结合的复杂页面，无论使用什么类型的计算机或浏览器，这些页面都可以被浏览到。

HTML 文档制作简单，功能强大，支持不同数据格式的文件嵌入，这也是 HTML 流行的原因之一，其主要特点如下：

(1) 简易性。HTML 是包含标签的文本文件，可使用任何文本编辑工具进行编辑。

(2) 可扩展性。HTML 规范提供了创建自定义的 HTML 元素和扩展现有的 HTML 元素的方法，从而为系统扩展带来保证。

(3) 平台无关性。HTML 基于浏览器解释运行，而与操作系统无关。目前几乎所有的 Web 浏览器都支持 HTML。

1.2　HTML 文档结构

HTML 是以.html(或.htm)为扩展名的纯文本文件，可以使用任何文本编辑器来编辑。

目前常用的集成开发工具有 VS Code、HBuilder、WebStorm 等。一个基本的 HTML 文档由 HTML、HEAD 和 BODY 三大要素组成。

1.2.1　HTML 部分

HTML 部分以<html>标签开始，以</html>标签结束。每一个 HTML 文档的开始必须用一个<html>标签，而结尾也要用一个</html>标签。Web 浏览器在收到一个 HTML 文件后，当遇到<html>标签时，就开始按 HTML 语法解释其后的内容，并按要求将这些内容显示出来，直到遇到</html>标签为止。HTML 文档的所有内容都在上述两个标签之间，其格式如下：

```
<html>
...
</html>
```

1.2.2　HEAD 部分

HEAD 部分以<head>标签开始，以</head>标签结束。HTML 的 HEAD 部分用于对页面中使用的字符集、标签的样式、窗口的标题、脚本语言等进行说明和设置。这些设置是通过在 HEAD 部分嵌入一些标签来实现的，如<title>、<base>、<script>、<style>、<meta>、<link>等。通常头部信息不显示在浏览器中，但位于<title>和</title>之间的内容，即窗口的标题则显示在窗口的标题栏中。HEAD 部分也可以省略不写，其格式如下：

```
<head>
    <title>页面的标题部分</title>
    ...
</head>
```

1.2.3　BODY 部分

BODY 部分以<body>标签开始，以</body>标签结束。该部分是 HTML 文档的主体，包含了绝大部分需要呈现给浏览者浏览的内容，如段落、列表、图像和其他元素等。HTML 页面元素，都通过一些标准的 HTML 标签来描述。在 BODY 中除了可以书写正文文字外，还可以嵌入许多由专用标签标识的内容，这些标签将在后续章节中陆续介绍。BODY 部分的格式如下：

```
<body>
    HTML 的主体部分
</body>
```

将上述三部分组合起来，就是一个 HTML 文档的基本"骨架"，如图 1-1 所示。

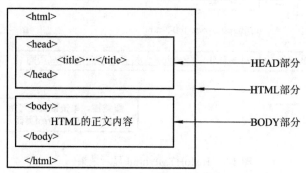

图 1-1　HTML 文档整体结构

【示例 1.1】 编写 HTML 文档，在页面中输出"这是第一个 HTML 网页，Hello HTML！单击此处，打开一个新的 HTML 页面"。

创建一个名为 HelloHTML.html 的页面，其代码如下：

```
<!DOCTYPE html>
<html>
    <head>
            <title>第一个 HTML</title>
    </head>
    <body >
            <p>这是第一个 HTML 网页，Hello HTML！
                <a href="BiaoTiEG.html">
                        单击此处，打开一个新的 HTML 页面
                </a>
            </p>
    </body>
</html>
```

<!DOCTYPE>声明位于文档中的最前面，用来告知 Web 浏览器页面使用了哪种文档类型。上述代码中"<!DOCTYPE html>"代表文档类型是 HTML5。<p>标签定义段落，<a>标签定义超链接，其中的 href 属性规定超链接的目标 URL。

关于文档类型的介绍可参考本书实践 1 中的知识拓展。关于<p>标签和<a>标签的详细介绍见 1.4 节。另外，目前所有的 Web 浏览器都支持 HTML，而本书中的所有页面都是在 Chrome 105.0.5195.54 版本下运行的。

通过 Chrome 浏览器查看该 HTML 页面，结果如图 1-2 所示。

图 1-2 演示了一个最基本的 HTML 页面，只在<body>标签中包含了"这是第一个 HTML 网页，Hello HTML！"和一个超链接(图中带下画线的部分)，单击超链接可使页面跳转到"BiaoTiEG.html"页面。

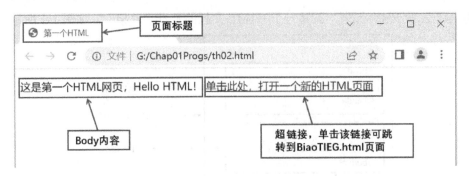

图 1-2 HelloHTML.html 显示效果

1.3 HTML 语法

HTML 文档由预定义好的 HTML 标签(tag)和用户自定义内容编写而成。HTML 标签由 ASCII 字符来定义，用于控制页面内容(文字、表格、图片、用户自定义内容等)的显示。

1.3.1 标签

HTML 通过标签控制文档的内容和外观，可以将标签看作是 HTML 的命令。HTML 标签有如下几个特点：

(1) HTML 标签以一对尖括号作为开始"< >"，以"</>"表示该 HTML 命令的结束。例如，HelloHTML.html 中的"<body>…</body>"标签用于表示 BODY 部分的开始和结束，其中，<body>称为开始标签，</body>称为结束标签。

(2) 标签必须是闭合的。闭合是指标签的最后要有一个"/"来表示结束，但不一定成对出现。例如
就单独出现，用于表示换行。诸如
格式的标签统称为空标签。

(3) 标签与大小写无关。HTML 语言中不区分大小写，例如<body>和<BODY>表示的含义一样。

 HTML 虽然不区分大小写，但为保持内容的一致性和可读性，推荐使用小写。

1.3.2 属性

HTML 属性一般都出现在标签中。作为 HTML 标签的一部分，HTML 属性包含了标签所需的额外的信息，并且一个标签可以拥有多个属性。

在为标签添加属性时需注意以下两点：

(1) 属性的值需要在双引号中。

(2) 属性名和属性值成对出现。

其语法格式如下：

<标签名 属性名 1="属性值" 属性名 2="属性值">内容</标签名>

虽然 HTML 中的属性值不用双引号仍然可以解析，但出于编码规范的要求，本书在添加属性时，值都放在双引号中。

【**示例 1.2**】 通过设置 body 标签属性"bgcolor"，将页面的背景色换成浅灰色，来演示标签属性的使用。

创建一个名为 HelloWorld.html 的页面，其代码如下：

```html
<html>
    <head>
            <title>第一个 HTML</title>
    </head>
    <body bgcolor="Gainsboronder">
            <p>这是第一个 HTML 网页，Hello HTML！
                    <a href="BiaoTiEG.html">
                            单击此处，打开一个新的 HTML 页面
                    </a>
            </p>
    </body>
</html>
```

通过 Chrome 浏览器查看该 HTML 页面，结果如图 1-3 所示。

图 1-3　HelloWorld.html 背景效果

1.3.3　注释

与其他编程语言一样，当一个 HTML 文档中包含众多的标签及属性后，可能造成文档结构阅读困难，此时可以在 HTML 文档中插入必要的注释，以方便阅读、查找和比对。当用浏览器查看 HTML 文档时，注释并不显示在页面上。

HTML 中的注释包含在特殊的标签中，具体语法如下：

```html
<!-- 注释内容 -->
```

1.4　HTML 常用基本标签

标签是 HTML 语言中最基本的单位，也是 HTML 语言最重要的组成部分。本节将介绍 HTML 中最常用的一些标签。

1.4.1　meta 标签

meta 标签作为子标签只能出现在网页的<head>标签内，可为 HTML 文档提供额外的信息。这些信息不会显示在客户端，但是会被浏览器解析，所以 meta 标签又被称为元信息。元信息通常以名称/值的形式表示。

meta 标签有四个主要属性，分别是 charset 属性、content 属性、name 属性和 http-equiv 属性。

(1) charset 属性：用于定义网页的字符编码方式，例如<meta charset="UTF-8">。

(2) content 属性：用于定义 name 或 http-equiv 属性所要描述的内容的值。

(3) name 属性：用来描述网页的信息，以便搜索引擎查找及分类。name 属性的值为所要描述的内容，而内容的值则通过 content 属性表示。

(4) http-equiv 属性：用于提供 HTTP 协议的响应报文头(MIME 文档头)，可以向浏览器设置一些有用的信息，使浏览器精准地显示网页内容。http-equiv 属性的值为所要描述的内容，而内容的值则通过 content 属性表示。

name 属性和 http-equiv 属性的部分值的具体描述如表 1-1 所示。

表 1-1　meta 标签的属性

属性名	值	说　明
name	description	定义网页的简短描述，提供给搜索引擎。例如 <meta name="description" content="html5 meta 标签说明"/>
	keywords	定义网页的关键词，提供给搜索引擎。例如 <meta name="keywords" content="HTML, CSS, JavaScript"/>
	author	定义页面作者，例如<meta name="author" content="王明"/>
http-equiv	content-type	定义用户的浏览器或相关设备如何显示将要加载的数据，或者如何处理将要加载的数据。例如 <meta http-equiv="content-type" content="text/html"; />
	refresh	定义页面自动刷新时间并指向新页面。例如 <meta http-equiv="refresh" content=" 5; url=http://www.xxxx.com/">
	expires	设置网页在缓存中的过期时间。一旦网页过期，将从服务器上重新下载新页面。例如<meta http-equiv="expires" content="Wed, 12 Feb 2022 09:00:00 GMT"/>

【示例 1.3】　通过实现页面的自动跳转来演示 meta 标签的使用。

创建一个名为 MetaEG.html 的页面，其代码如下：

```
<html>
<head>
    <meta http-equiv="refresh" content ="5;url=HelloHTML.html">
    <title>Meta 标签</title>
</head>
```

```
<body>
    Meta 标签的使用！
    5 秒后，会跳转到 HelloHTML.html 页面！
</body>
</html>
```

通过 Chrome 浏览器查看该 HTML 页面，结果如图 1-4 所示。

图 1-4　<meta>标签演示

该 HTML 页面打开后，5 秒后会自动跳转到 content 中 url 参数所指向的页面"HelloHTML.html"。

1.4.2　文本

HTML 中的文本相关标签主要分为标题标签和字体标签两类。本小节将分别讲述这两类标签。

1．标题标签

HTML 语言中的标题字体用<h#>表示，其语法如下：

```
<h#>内容</h#>
```

其中："#"代表标题的字体大小，#的取值为 1～6 之间的整数，随着取值的增大，字体逐渐缩小。

【示例 1.4】　使用标题标签演示 HTML 中标题字体的大小。

创建一个名为 BiaoTiEG.html 的页面，其代码如下：

```
<html>
<head>
<title>标题标签</title>
</head>
<body>
    <h1>一号标题字体</h1>
    <h2>二号标题字体</h2>
    <h3>三号标题字体</h3>
    <h4>四号标题字体</h4>
    <h5>五号标题字体</h5>
```

```
    <h6>六号标题字体</h6>
</body>
</html>
```

上述代码演示了 HTML 标题字体的 1～6 号字，通过 Chrome 浏览器查看该 HTML 页面，结果如图 1-5 所示。

图 1-5　标题大小演示

2．字体标签

HTML 提供了大量的字体标签，用来设置字体的样式以美化文本。部分字体标签如表 1-2 所示。

表 1-2　字 体 标 签

字符标签	说　明
…	粗体
<i>…</i>	斜体
<u>…</u>	对文本加下画线
…	对文本加强效果，相当于粗体
<mark>…</mark>	突出显示文本
<small>…</small>	小号文本，用于表示小字体，如脚注、版权声明、评论等
[…]	上标
_…	下标
…	强调文本，通常以斜体显示

另外，某些字符在 HTML 中具有特殊意义，如版权号"©"。要在浏览器中显示这些特殊字符，就必须使用转义符号(也称为字符实体)，如表 1-3 所示。

表 1-3　用于显示特殊字符的字符实体

特殊字符	字 符 实 体
空格	
大于号(>)	&gt;
小于号(<)	&lt;
引号(")	&quot;
版权号(©)	&copy;

表 1-2 中的标签都是字体样式标签，如果只是希望通过这些标签单纯地改变文本的样式，建议采用 CSS 样式表来实现更加丰富的效果。

【示例 1.5】 使用 HTML 字体标签演示 HTML 中对字体的显示，以及对特殊符号的控制。

创建一个名为 FontEG.html 的页面，其代码如下：

```
<html>
<head>
    <title>字体标签演示</title>
</head>
<body>
    <p>加入百度推广
     | 
    搜索风云榜
     | 
    关于百度
     | 
    About Baidu
    </p>
    <small>&copy Baidu  使用百度前必读  京 ICP 证 030173</small>
</body></html>
```

上述代码以百度网站底部的版权信息为例，使用了版权符号和空格符号，运行结果如图 1-6 所示。

图 1-6　字体标签演示

1.4.3　分隔标签

HTML 分隔标签用于区分文字段落，分为文字分隔标签和分割线标签两类，下面分别介绍。

1．文字分隔标签

文字分隔标签有两种：

(1) 强制换行标签
；

(2) 强制分段标签<p>。

在 HTML 中使用换行标签
可以在需要的地方实现换行，其语法如下：

```
内容 1<br/>内容 2
```

通过上述代码，就可以使文字"内容 1"和"内容 2"显示在不同的行中。

在 HTML 中使用段落标签<p>可以把网页中的文字划分为段落。段落与段落之间会有一定的空白间隔，这样可以让文章看起来更有条理，其语法如下：

```
<p>这是第一个段落</p>
<p>这是第二个段落</p>
```

段落标签可以不成对出现，可以只有<p>，而没有</p>，因为下一个<p>就是下一个段落的开始，当然也就意味着上一个段落的结束。但是为了编码的规范性和可读性，推荐使用成对的段落标签。

2．分割线标签

使用分割线标签<hr>可以在网页上产生一条水平的分割线，将大量的内容区分开，增加网页的层次性。

【示例 1.6】 演示 HTML 中分隔标签的用法。

创建一个名为 FenGeEG.html 的页面，其代码如下：

```
<html>
<head>
    <title>分隔标签</title>
</head>
<body>
    <p>这是第一个段落</p>
    <p>这是第二个<br/>段落</p>
    <hr>
    <p>这是第三个段落</p>
</body>
</html>
```

上述代码将网页中的内容分成了三个段落，其中第二个段落中加了一个换行标签，而第二个和第三个段落之间加了一条分割线。

通过 Chrome 浏览器查看该 HTML 页面，结果如图 1-7 所示。

图 1-7　分隔标签演示

1.4.4　列表

列表用于将相关联的信息集合在一起，使信息条理清晰，便于人们阅读。在现代 Web 开发中，列表频繁地用于导航和内容显示中。

HTML 中的列表可分为四类：无序列表(<ul>)、有序列表(<ol>)、自定义列表(<dl>)和嵌套列表。

1. 无序列表

无序列表又称为符号列表，列表中的项目可以用任意顺序进行排列。例如，购物清单就是无序列表：

● 　面包
● 　牛奶
● 　咖啡
● 　果冻

上述商品都是购物清单中的一部分，这些商品的排列顺序是任意的，也可以按照以下顺序进行排列：

● 　牛奶
● 　果冻
● 　咖啡
● 　面包

HTML 中，无序列表使用一对<ul></ul>标签，标签中含有多对<li></li>标签，用来定义列表项目。

【示例 1.7】　编写 HTML，演示无序列表的使用。

创建一个名为 UlEG.html 的页面，其代码如下：

```
<html>
<head>
        <title>无序列表</title>
</head>
<body>
        <ul>
                <li>面包</li>
                <li>牛奶</li>
                <li>咖啡</li>
                <li>果冻</li>
        </ul>
<!--顺序是无关紧要的-->
        <ul>
                <li>牛奶</li>
```

```
        <li>果冻</li>
        <li>咖啡</li>
        <li>面包</li>
    </ul>
</body>
</html>
```

通过 Chrome 浏览器查看该 HTML 页面，结果如图 1-8 所示。

图 1-8　无序列表演示

2. 有序列表

有序列表又称为编号列表，列表中的项目是按照先后顺序排列的。有序列表使用一对 <ol></ol> 标签，标签中含有多对 <li></li> 标签，用来定义列表项目。

现实生活中很多的细节都是一个有序的过程，例如：车子的启动过程就可以分解为一个有序的列表，如果顺序乱了就不能将车子启动起来。

【示例 1.8】编写 HTML，通过汽车启动次序演示有序列表的使用。

创建一个名为 OlEG.html 的页面，其代码如下：

```
<html>
<head>
    <title>有序列表</title>
</head>
<body>
    <ol>
        <li>打火</li>
        <li>挂挡</li>
        <li>放手刹</li>
        <li>踩油门</li>
    </ol>
</body>
</html>
```

通过 Chrome 浏览器查看该 HTML 页面，结果如图 1-9 所示。

图 1-9　有序列表演示

3.　自定义列表

自定义列表将列表中的项目与该项目的定义或描述配对显示。自定义列表标签<dl>同样是成对出现的，以<dl>开始，以</dl>结束；列表中每个项目的标题使用<dt></dt>标签对定义；标题下的描述则使用<dd></dd>标签对定义。

【示例 1.9】　编写 HTML，通过对购物清单中的商品进行描述来演示自定义列表的用法。

创建一个名为 DlEG.html 的页面，其代码如下：

```
<html>
<head>
    <title>定义列表</title>
</head>
<body>
    <dl>
        <dt>面包</dt>
            <dd>面包是由面粉做成的。</dd>
        <dt>牛奶</dt>
            <dd>牛奶是来自中国的。</dd>
        <dt>咖啡</dt>
            <dd>咖啡来自于巴西。</dd>
        <dt>果冻</dt>
            <dd>果冻是徐福记的。</dd>
    </dl>
</body>
</html>
```

通过 Chrome 浏览器查看该 HTML 页面，结果如图 1-10 所示。

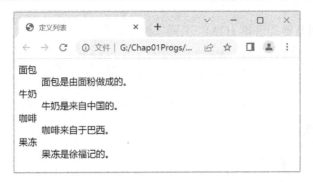

图 1-10　自定义列表演示

4.　嵌套列表

一个列表中包含另一个完整的列表，这样的列表称为嵌套列表。例如，一本书的目录就是一个比较复杂的嵌套列表。

嵌套列表是多个有序列表或无序列表组合在一起使用的列表。在使用嵌套列表时，被嵌套的内层列表必须包含在一对<li></li>标签中，即表示该列表为嵌套列表包含的一个列表项。

由于嵌套列表是定义网站结构的一个很好的方式，因此通常用于构成网站导航菜单。

【示例 1.10】　编写 HTML，演示嵌套列表的用法。

创建一个名为 NestlEG.html 的页面，其代码如下：

```
<html>
<head>
    <title>嵌套列表</title>
</head>
<body>
    <ol>
        <li>第一章
            <ol>
                <li>第一节</li>
                <li>第二节</li>
                <li>第三节</li>
            </ol>
        </li>
        <li>第二章</li>
        <li>第三章</li>
    </ol>
</body>
</html>
```

上述代码中，内层列表是一个有序列表，在<li>及文本"第一章"之后开始，在</li>处结束。

通过 Chrome 浏览器查看该 HTML 页面，结果如图 1-11 所示。

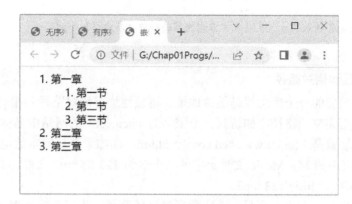

图 1-11　嵌套列表演示

1.4.5　超链接

互联网的精髓在于相互链接，即超链接(hyperlink)。一个网站的各个网页都是通过超链接衔接起来的，浏览者通过单击这些超链接，就可以从一个网页跳转到另一个网页。

常见的超链接形式有以下几种：

(1) 文字超链接：在文字上建立超链接。

(2) 图像超链接：在图像上建立超链接。

(3) 热区超链接：在图像的指定区域建立超链接。

HTML 语言中超链接的标签用<a>表示。<a>标签是成对出现的，以<a>开始，以</a>结束，其语法如下：

```
<a href="url" target=".." title=".." id="..">内容</a>
```

其中：

◇ href 属性：用于定义超链接的跳转地址，其取值 url 可以是本地地址或远程地址。url 可以是一个网址、一个文件，甚至可以是 HTML 文件的一个位置或 E-mail 的地址。url 可以是绝对路径，也可以是相对路径。

◇ target 属性：用于指定目标文件的打开位置，取值见表 1-4。

◇ title 属性：鼠标悬停在超链接上时，显示该超链接的文字注释。

◇ id 属性：在目标文件中定义一个"锚"点，标识超链接跳转的位置。

◇ 内容：就是所定义的超链接的一个"外套"，浏览者只需单击内容，就可以跳转到 url 所指定的位置。

target 属性的四种取值方式的含义如表 1-4 所示。

表 1-4　target 属性的取值方式

值	说　　明
_self	在当前窗口中打开目标文件，这是 target 的默认值
_blank	在新窗口中打开目标文件
_top	在顶层框架中打开网页
_parent	在当前框架中的上一层框架打开网页

关于 target 的各种取值方式，将在本章实践篇的知识拓展中详细介绍。

1. 绝对路径和相对路径

超链接中最重要的一个概念就是链接地址。链接地址有绝对路径和相对路径两种。

绝对路径是指完整的路径，如访问一个域名为 abcd.com 的网站中名称为 abc.html 的网页，其绝对地址就是 http://www.abcd.com/abc.html。而如果要访问本地电脑 D 盘上 My Documents 文件夹下的 My Music 文件夹中的一个名为 123 的 mp3 文件，其绝对地址就是 d:/My Documents/My Music/123.mp3。

相对路径是指从一个文件到另一个文件所经过的路径。为了形象地表示这种关系，下面以图 1-12 中的几个 HTML 文件为例，说明这些文件彼此之间的相对路径。

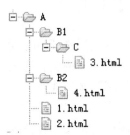

图 1-12　相对路径示意

◆ 从 1.html 到 4.html，其间需要经过 B2 文件夹，所以它的相对路径就是"B2/4.html"；

◆ 从 1.html 到 2.html，不需要经过任何文件夹，所以它的相对路径是"2.html"；

◆ 从 2.html 到 3.html，经过 B1 和 C 文件夹，所以它的相对路径是"B1/C/3.html"。

上述三种路径是正向的相对路径，就是从上层文件夹中的文件到下层文件夹中的文件经过的路径，反之则是逆向的相对路径。逆向的相对路径如下：

◆ 从 4.html 到 1.html 的相对路径是"../1.html"；

◆ 从 3.html 到 4.html 的相对路径是"../../B2/4.html"。

理解了绝对路径和相对路径的概念后，就可以根据实际情况的需要设置 url，以实现页面之间的跳转。

2. 站内链接

读者在访问网站的时候，用到最多的就是站内网页之间的链接，其语法如下：

```
<a href="相对路径">内容</a>
```

站内链接通常使用相对路径，当然也可以使用绝对路径，但是当网站的目录有所调整的时候，绝对路径可能会出现问题。

【示例 1.11】 编写 HTML，演示站内链接的使用。

创建一个名为 hrefZhanNeiEG.html 的页面，其代码如下：

```
<html>
<head>
    <title>站内链接</title>
</head>
<body>
    <a href="metaEG.html">站内链接到 metaEG.html</a>
```

```
</body>
</html>
```

当用鼠标单击<a>标签的内容部分时，会跳转到指定的网页 metaEG.html。
通过 Chrome 浏览器查看该 HTML 页面，结果如图 1-13 所示。

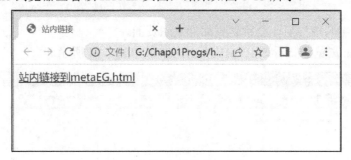

图 1-13　站内链接演示效果

单击超链接后，会跳转到如图 1-4 所示的网页。

3. 站外链接

当网站中的链接需要链接到站外的网页时，就需要用到站外链接，其语法与站内链接很相似，但站外链接必须使用绝对路径，其语法如下：

```
<a href="绝对链接路径">内容</a>
```

【示例 1.12】　编写 HTML，演示站外链接的使用。
创建一个名为 hrefZhanWaiEG.html 的页面，其代码如下：

```
<html>
<head>
    <title>站外链接</title>
</head>
<body>
    <a href="http://www.qut.edu.cn/index.htm">站外链接</a>
</body>
</html>
```

4. 邮件链接

在一些大型网站上，经常会看到有的网页上有"点此给 XXX 发送邮件"的字样。单击该链接后，就会启动本地的邮箱工具(如 Windows 自带的 Outlook 工具)来编辑邮件。这里就用到了 HTML 语言中的邮件链接，其语法如下：

```
<a href="mailto:邮件地址">内容</a>
```

【示例 1.13】　编写 HTML，演示邮件链接的使用。
创建一个名为 hrefEmailEG.html 的页面，其代码如下：

```
<html>
<head>
    <title>邮件链接</title>
```

```
</head>
<body>
    <a href="mailto:xxx@abc.com">给版主写信</a>
</body>
</html>
```

单击"给版主写信"后，会跳转到邮件发送页面。

通过 Chrome 浏览器查看该 HTML 页面，结果如图 1-14 所示。

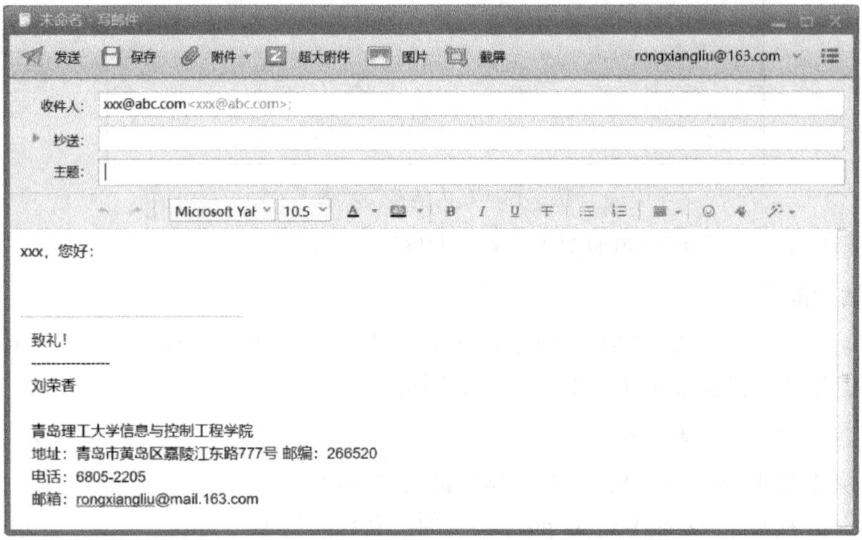

图 1-14 邮件链接跳转演示

由于本地计算机已设置 Foxmail 为默认邮件发送程序，故当单击邮件链接地址时弹出的是 Foxmail 邮件发送界面。如果没有设置的话，将打开 Outlook 界面。设置浏览器默认邮件发送程序与本书无关，在此不做详述，感兴趣的读者请自行查找相关步骤。

5. 锚链接

网页中有的文章特别长，读者想要找到自己感兴趣的内容就比较麻烦。为此 HTML 提供了一种很好的解决方案——锚链接，利用锚链接能够快速地定位到网页中的某个位置。

锚链接由两部分组成：建立锚点，链接到锚点。

锚点就是将要链接到的标签位置，其语法如下：

```
<标签名称 id="锚点名称">
```

建立锚点之后，就可以创建到锚点的链接，其语法如下：

```
<a href="链接到网页的地址#锚点名称">内容</a>
```

当要链接的锚点在当前页面中时，可以省略掉"链接到网页的地址"，其语法如下：

```
<a href="#锚点名称">内容</a>
```

无论是链接到当前网页还是链接到其他网页的锚链接，锚点名称前的"#"都不能省略。

【示例 1.14】 编写 HTML，演示锚链接的使用。

创建一个名为 hrefMaoEG.html 的页面，其代码如下：

```html
<html>
<head>
    <title>锚链接</title>
</head>
<body>
    <p><a href="#C5">参见第 5 章</a></p>
    <h2 id="C1">第 1 章</h2>
    <p>Java WEB(上)第 1 章的内容</p>
    <h2 id="C2">第 2 章</h2>
    <p>Java WEB(上)第 2 章的内容</p>
    <h2 id="C3">第 3 章</h2>
    <p>Java WEB(上)第 3 章的内容</p>
    <h2 id="C4">第 4 章</h2>
    <p>Java WEB(上)第 4 章的内容</p>
    <h2 id="C5">第 5 章</h2>
    <p>Java WEB(上)第 5 章的内容</p>
    ...
</html>
```

上述代码在页面上的标题文本"第 5 章"处设置锚点 C5，当单击锚链接"参见第 5 章"后，页面就会跳转到该标题文本所在的位置。

通过 Chrome 浏览器查看该 HTML 页面，结果如图 1-15 所示。

图 1-15 锚链接演示

1.4.6 图像

在 HTML 中使用标签<img>可以把图像文件插入文档中，其语法如下：

```html
<img src="url" />
```

这里，<img>标签没有结束标签，必须用"/"把它关闭。url 表示图片的路径和文件名，其值可以是绝对路径，如"http://localhost/images/123.tif"，也可以是相对路径，如"../images/123.tif"。

图像标签的几个重要属性的说明如表 1-5 所示。

表 1-5　图像标签的属性

属　性	说　明
alt	浏览器如果没有载入图片的功能，浏览器就会转而显示 alt 属性的值
height	设置图片的高度，缺省则显示图片原始高度
width	设置图片的宽度，缺省则显示图片原始宽度

【示例 1.15】　编写 HTML，演示<img>标签及其属性的使用。

创建一个名为 imgEG.html 的页面，其代码如下：

```
<html>
<head>
    <title>图像标签</title>
</head>
<body>
<p>
<img src="Blue hills.jpg" alt="smile face"  height="100" width="100">
</p>
</body>
</html>
```

上述代码中，使用相对路径导入了图片"Blue hills.jpg"，并且设置其高度和宽度皆为 100。

通过 Chrome 浏览器查看该 HTML 页面，结果如图 1-16 所示。

图 1-16　图像标签演示

本 章 小 结

通过本章的学习，读者应该了解：

◇ 超文本传输协议(HTTP，HyperText Transfer Protocol)是客户端浏览器或其他程序与 Web 服务器之间的应用层通信协议，用于实现客户端和服务器端的信息传输。

◇ 统一资源定位符(URL，Uniform/Universal Resource Locator)是用于完整地描述 Internet 上网页和其他资源的地址的一种标识方法，是实现互联网信息定位的统一标识。

◇ 超文本标签语言(HTML，HyperText Mark-up Language)是目前网络上应用最为广泛的语言，也是构成网页文档的主要语言。

◇ 一个基本的 HTML 文档由 HTML、HEAD 和 BODY 三要素组成。

◇ HTML 标签由 ASCII 字符来定义，用于控制页面内容(如文字、表格、图片、用户自定义内容等)的显示。

◇ 标签是 HTML 中最基本的单位，也是 HTML 最重要的组成部分。

◇ HTML 分隔标签用于区分文字段落，分为文字分隔标签和分割线标签两类。

◇ HTML 中列表分为无序列表(<ul>)、有序列表(<ol>)、定义列表(<dl>)和嵌套列表四类。

◇ 互联网的精髓在于相互链接，即超链接(hyperlink)。

◇ 常见的超链接形式有文字超链接、图像超链接和热区超链接三种。

◇ 链接地址有绝对路径和相对路径两种方式。

本 章 练 习

1. 超文本传输协议的简称是_____。

A．HTML 　　　　　 B．HTTP 　　　　　 C．FTP 　　　　　 D．SMTP

2. 下列选项中，符合 URL 语法的是_____。(多选)

A．www.sohu.com 　　　　　　　　 B．ftp://www.google.com

C．http://www.abcd.com/x/y/z?a=b&m=n 　　 D．C:\WINDOWS\system32

3. 超文本标签语言 HTML 的主要特点有_____。(多选)

A．简易性 　　　 B．可扩展性 　　　 C．平台无关性 　　　 D．面向对象

4. 下列说法正确的是_____。

A．HTML 的标签必须成对出现，分别表示标签的开始和结束

B．HTML 不区分大小写

C．HTML 文件的后缀必须是 ".html"

D．以上都不对

5. 下列选项中能够强调文本并以斜体显示的是_____。

A．文字　　　　　　　　　　B．文字

C．文字　　　　　　　　　D．以上均可

6．下列选项中可以使"内容 1"和"内容 2"分成两行显示的是_____。(多选)

A．内容 1\n 内容 2

B．内容 1
内容 2

C．内容 1
　　内容 2

D．<p>内容 1</p><p>内容 2<p>

7．在图 1-12 的 4.html 中需要有一个超链接指向 3.html，正确的写法是_____。

A．<a href="#3.html">3.html</a>

B．<a href="A/B1/C/3.html">3.html</a>

C．<a href="../C/3.html">3.html</a>

D．<a href="../B1/C/3.html">3.html</a>

8．下列对锚链接的使用正确的是_____。(多选)

A．<a href="#anchor">Anchor</a>
　　<a id="anchor">Anchor</a>

B．<a href="anchor">Anchor</a>
　　<a id="anchor">Anchor</a>

C．<a href="#anchor">Anchor</a>
　　<a href="http://www.sohu.com" id="anchor">Anchor</a>

D．<a href="anchor">Anchor</a>
　　<a name="anchor">Anchor</a>

9．下列对邮件链接的使用正确的是_____。

A．<A href="mailto://xyz@abcd.com">邮箱</A>

B．<A href="#mailto:xyz@abcd.com">邮箱</A>

C．<A href="mailto xyz@abcd.com">邮箱</A>

D．<A href="mailto:xyz@abcd.com">邮箱</A>

10．简述 HTML 和 HTTP 的区别和联系。

第2章 表格、表单和框架

本章目标

- 掌握表格标签的结构组成及使用

- 掌握表格常用属性的设置

- 了解表格的嵌套

- 掌握表格的使用技巧

- 掌握表单的基本结构组成

- 掌握常用表单域的使用

- 掌握常用表单按钮的使用

- 掌握内联框架的使用

2.1 表 格

表格是网页制作中使用最多的技术之一。表格可以清晰明了地展现数据之间的关系，使对比分析更容易理解。

2.1.1 表格结构

表格的基本结构如下：

```
<table>
    <tr>
            <td>单元格内容</td>
            <td>单元格内容</td>
            <!-- 更多单元格 -->
    </tr>
    <!-- 更多行 -->
</table>
```

【示例 2.1】 创建员工通信表(包括部门、姓名等信息)，演示<table>标签的使用。

创建一个名为 TableEG1.html 的页面，其代码如下：

```
<html>
<head>
<title>表格示例</title>
</head>
<body>
    <table>
            <tr>
                    <td>部门</td>
                    <td>姓名</td>
                    <td>联系电话</td>
                    <td>E-Mail</td>
            </tr>
            <tr>
                    <td>洗衣机</td>
                    <td>张三</td>
                    <td>1586666666</td>
                    <td>zhangs@haier.com</td>
            </tr>
            <tr>
                    <td>PSI</td>
                    <td>李四</td>
```

```
            <td>1598888888</td>
            <td>lis@haier.com</td>
        </tr>
    </table>
</body>
</html>
```

通过 Chrome 浏览器查看该 HTML 页面，结果如图 2-1 所示。

图 2-1　简单表格演示

图 2-1 中，表格结构非常简单，没有任何修饰，在后续的小节中将通过使用表格的其他标签和属性对表格进行渲染，使数据展示更加直观。

2.1.2　表格标签

HTML 中有 10 个与表格相关的标签，各标签的含义及作用如下：

(1)　<table>标签，定义一个表格。

(2)　<caption>标签，定义一个表格标题，必须紧随<table>标签之后，且每个表格只能包含一个标题，通常这个标题会居中显示于表格上部。

(3)　<th>标签，定义表格内的表头单元格。<th>标签内部的文本通常会呈现为粗体。

(4)　<tr>标签，在表格中定义一行。

(5)　<td>标签，定义表格中的一个单元格，包含在<tr>标签中。

(6)　<thead>标签，定义表格的表头。

(7)　<tbody>标签，定义一段表格主体(正文)。使用<tbody>标签，可以将表格中的一行或几行合成一组，从而将表格分为几个单独的部分，一个<tbody>标签就是表格中的一个独立的部分，不能从一个<tbody>跨越到另一个<tbody>中。

(8)　<tfoot>标签，定义表格的页脚(脚注)。

(9)　<col>标签，定义表格中针对一个或多个列的属性值，只能在表格或<colgroup>标签中使用此标签。

(10) <colgroup>标签，定义表格列的分组。通过此标签可以对列进行组合以便进行格式化，此标签只能用在<table>标签内部。

使用 thead、tfoot 以及 tbody 标签可以对表格中的行进行分组。如使表格拥有一个标题行，一些带有数据的行，以及位于底部的一个总计行。这种划分使浏览器有能力支持独立于表格标题和页脚的表格正文滚动。当打印长的表格时，表格的表头和页脚可被打印在包含表格数据的每张页面上。

【示例 2.2】 为表格添加标题标签、表格主体标签和页脚标签等。

创建一个名为 TableEG2.html 的页面，其代码如下：

```
<html>
<head>
<title>表格示例</title>
</head>
<body>
<table>
        <caption>员工信息表</caption>
        <thead>
                <th>部门</th>
                <th>姓名</th>
                <th>联系电话</th>
                <th>E-Mail</th>
        </thead>
        <tbody>
                <tr>
                        <td>洗衣机</td>
                        <td>张三</td>
                        <td>1586666666</td>
                        <td>zhangs@haier.com</td>
                </tr>
                <tr>
                        <td>PSI</td>
                        <td>李四</td>
                        <td>1598888888</td>
                        <td>lis@haier.com</td>
                </tr>
        </tbody>
        <tfoot>
                <tr>
                        <td colspan="4"><small>Compiled in 2009 by Mr. Zhang</small></td>
                </tr>
        </tfoot>
</table>
</body>
</html>
```

通过 Chrome 浏览器查看该 HTML 页面，结果如图 2-2 所示。

图 2-2 添加了标题行和脚注的表格演示

2.2 表 单

HTML 表单(Form)是 HTML 的一个重要部分,主要用于采集和提交用户输入的信息,如用户注册、调查反馈等。一个表单主要由以下三部分组成:

(1) 表单标签:包含了处理表单数据所用服务器端程序的 URL 以及数据提交到服务器的方法。

(2) 表单域:包含了文本框、密码框、隐藏域、多行文本框、复选框、单选按钮、下拉选择框和文件上传框等表单输入控件。

(3) 表单按钮:包括提交按钮、复位按钮和一般按钮。用于将数据传送到服务器上或者取消输入,还可以用表单按钮来控制其他定义了处理脚本的工作。

【示例 2.3】 实现在论坛上发表评论的功能。

创建一个名为 FormEG.html 的页面,其代码如下:

```html
<html>
<head><title>表单示例</title></head>
<body>
<form action="http://www.abc.com/html/comments.jsp" method="post">
请输入你的姓名:
<input type="text" name="name" id="name"> <br/>
邮箱地址:
<input type="text" name="email" id="email"> <br/>
评论:
<input type="textarea" name="comments" id="comments"> <br/>
<input type="submit" value="提交">
</form>
</body>
</html>
```

上述代码中,通过<form>开始标签和</form>结束标签表示表单的范围,表单内包含两个文本输入框,分别用于让访问者输入名字和电子邮件地址,还包含一个文本域和一个提交按钮,分别用于发表评论和提交评论。此外,表单标签中 action 的属性值为"http://www.abc.com/html/comments.jsp"表示表单数据提交的目的地址。

该表单数据的提交方式通过 method 属性指定，值为"post"。

通过 Chrome 浏览器查看该 HTML 页面，结果如图 2-3 所示。

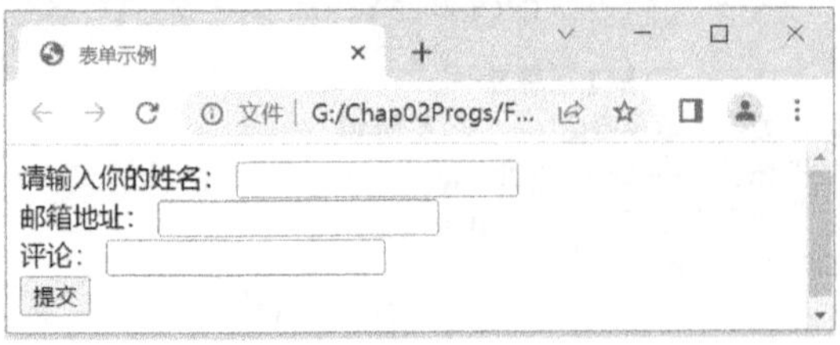

图 2-3　简单表单演示

2.2.1　表单标签

表单标签(<form></form>)用于声明表单，定义采集数据的范围，同时包含了处理表单数据的应用程序，以及数据提交到服务器的方法，其语法如下：

```
<form action="url" method="get/post" enctype="mime" target="...">
......
</form>
```

其中：

◇ action：指定表单中用户输入数据的提交目标 URL(URL 可为 Servlet、JSP 或 ASP 等服务器端程序)，也可以将输入数据发送到指定的 E-mail 地址。

◇ method：指定向服务器传递数据的 HTTP 方法，主要有 get 和 post 两种方法，默认值是 get。get 方法是将表单控件的 name/value 信息经过编码之后通过 URL 发送，可以在浏览器的地址栏中看到这些信息，而采用 post 方法传输数据则在地址栏看不到这些信息。需要注意的是，只为取得和显示少量数据时，可以使用 get 方法；一旦涉及数据的保存和更新，即大量的数据传输时，则应当使用 post 方法。

◇ enctype：指定数据发送时的编码类型，默认值是 application/x-www-form-urlencoded，用于常规数据的编码。另一种编码类型是 multipart/form-data，该类型将表单数据编码为一条消息，每一个表单控件的数据对应消息的一部分，以二进制的方式发送给服务器端，这种类型比较适合传递复杂的用户输入数据，如文件的上传操作。

◇ target：指定在浏览器中的哪个框架(frame)里显示服务器的响应 HTML，默认值是当前框架。现在专业界面越来越少使用框架，所以此属性已很少使用。

◇ onsubmit 和 onreset：指定提交和重置事件触发时运行的 JavaScript。

◇ accept-charset：指定服务器程序可处理的表单数据字符集。

◇ name：指定表单的名称。

　　一般来说，target 属性的取值有以下情况：_blank，在一个新的浏览器窗口调入指定的文档；_self，在当前框架中调入文档；_parent，把文档调入当前框架的直接父框架集中，这个值在当前框架没有父框架集时等价于_self；_top，把文档调入原来最顶部的浏览器窗口中。

2.2.2　表单域

表单域包含了文本框、多行文本框、密码框、隐藏域、复选框、单选按钮、文件上传框和下拉选择框等，用于采集用户的输入或选择的数据。下面对各表单域分别进行介绍。

1.　文本框

文本框是一种用来输入内容的表单对象，通常被用来填写简单的内容，如姓名、地址等，其语法格式如下：

```
<input type="text" name="..." size="..." maxlength="..." value="..." />
```

其中：

- ✧　type="text"：定义单行文本输入框。
- ✧　name：定义文本框的名称，一般需要保证名称是唯一的。
- ✧　size：定义文本框的宽度，单位是单个字符宽度。
- ✧　maxlength：定义最多输入的字符数。
- ✧　value：定义文本框的初始值。

2.　多行文本框

多行文本框(文本域)是一种用来输入较长内容的表单对象，其语法格式如下：

```
<textarea name="..." cols="..." rows="..." wrap="VIRTUAL"></textarea>
```

其中：

- ✧　name：指定文本域的名称。
- ✧　cols：定义多行文本框的宽度，单位是单个字符宽度。
- ✧　rows：定义多行文本框的高度，单位是单个字符宽度。
- ✧　wrap：定义在表单提交时文本区域中的文本是如何换行的。
  - ➢　soft：默认值。当输入内容超过文本域的右边界时会自动转到下一行，而数据在被提交处理时，浏览器不会在自动换行的地方插入换行符(CR+LF)。
  - ➢　hard：当输入内容超过文本域的右边界时会自动转到下一行，而数据在被提交处理时，浏览器会在自动换行的地方插入换行符，也就是提交表单时也提交换行符。当值为 hard 时，需要指定 cols 属性的值。

3.　密码框

密码框是一种用于输入密码的特殊文本域。当访问者输入文字时，文字会被星号或其他符号代替，从而隐藏输入的真实文字，其语法格式如下：

```
<input type="password" name="..." size="..." maxlength="..." />
```

其中：

- ✧　type="password"：定义密码框。
- ✧　name：指定密码框的名称。
- ✧　size：定义密码框的宽度，单位是单个字符宽度。
- ✧　maxlength：定义最多输入的字符数。

 注意 密码框并不能保证安全，仅仅是使得周围的人看不见输入的内容，在传输过程中仍然以明文传输，为了保证安全，可以采用数据加密技术。

4. 隐藏域

隐藏域用来收集或发送信息的不可见元素，主要用途是为网页交互时存储一些不需要在网页显示的数据，例如用户设置、搜索关键字等，以帮助网站开发者更好地了解用户的行为，从而更好地满足用户的需求，提升用户体验。网页的访问者无法看到隐藏域，但是当表单被提交时，隐藏域的内容同样会被提交，其语法格式如下：

```
<input type="hidden" name="..." value="..." />
```

其中：

- ◇ type="hidden"：定义隐藏域。
- ◇ name：同 text 的 name 属性。
- ◇ value：定义隐藏域的值。

5. 复选框

复选框允许在待选项中选择一个以上的选项。每个复选框都是一个独立的元素，其语法格式如下：

```
<input type="checkbox" name="..." value="..." />
```

其中：

- ◇ type="checkbox"：定义复选框。
- ◇ name：同 text 的 name 属性。
- ◇ value：定义复选框的值。

 注意 通常情况下，对于一组复选框的 name 值推荐使用相同的值，这样提交表单后便于服务器端进行数据的处理。

6. 单选按钮

单选按钮只允许访问者在待选项中选择唯一的一项。该控件用于一组相互排斥的值，组中每个单选按钮控件的名字相同，用户一次只能选择一个选项，其语法格式如下：

```
<input type="radio" name="..." value="..." />
```

其中：

- ◇ type="radio"：定义单选按钮。
- ◇ name：同 text 的 name 属性，name 相同的单选按钮为一组，一组内只能选中一项。
- ◇ value：定义单选按钮的值，在同一组中，单选按钮的值不能相同。

7. 文件上传框

文件上传框用于让访问者上传自己的文件，与其他文本域类似，但还包含了一个浏览按钮。访问者可以通过输入需要上传的文件的路径或者单击浏览按钮选择需要上传的文件，其语法格式如下：

```
<input type="file" name="..." size="15" maxlength="100" />
```

其中：

- ◇ type="file"：定义文件上传框。
- ◇ name：同 text 的 name 属性。
- ◇ size：定义文件上传框的宽度，单位是单个字符宽度。
- ◇ maxlength：定义最多输入的字符数。

⚠️ **注 意** 在使用文件域以前，需要确定服务器是否允许匿名上传文件。另外，表单标签中必须设置 enctype="multipart/form-data"来确保文件被正确编码。表单的传送方式必须设置成 post。

8. 下拉选择框

下拉选择框可以让浏览者快速、方便、正确地选择一些选项，同时可以节省页面空间，它通过<select>标签实现，该标签用于显示可供用户选择的下拉列表。每个选项由一个<option>标签表示，<select>标签至少包含一个<option>标签。下拉选择框语法格式如下：

```
<select name="..." size="..." multiple>
    <option value="..." selected>...</option>
    ...
</select>
```

其中：

- ◇ name：同 text 的 name 属性。
- ◇ size：定义下拉选择框的行数。
- ◇ multiple：表示可以多选，如果不设置本属性，那么只能单选。
- ◇ value：定义选择项 option 的值。
- ◇ selected：表示本选项被选中。

2.2.3 表单按钮

在表单中，按钮的应用非常频繁，表单按钮主要分为三类：提交按钮、复位按钮和普通按钮。

1. 提交按钮

提交按钮用来将输入的表单信息提交到服务器，其语法格式如下：

```
<input type="submit" name="..." value="..." />
```

其中：

- ◇ type="submit"：定义提交按钮。
- ◇ name：定义提交按钮的名称。
- ◇ value：定义按钮的显示文字。

2. 复位按钮

复位按钮用来重置表单，其语法格式如下：

```
<input type="reset" name="..." value="..." />
```

其中：

◇ type="reset"：定义复位按钮。

◇ name 属性定义复位按钮的名称。

◇ value 属性定义按钮的显示文字。

注意 复位按钮并不是清空表单信息，只是还原成默认值。例如，表单中有文本框<input type="text" name="name" value="张三"/>，在该文本框中输入"李四"，当单击该复位按钮时，文本框中的 "李四"被清除，还原为"张三"。

3. 普通按钮

普通按钮通常用来响应 JavaScript 事件(如 onclick)，调用相应的 JavaScript 函数来实现各种功能，其语法格式如下：

```
<input type="button" name="..." value="..." onclick="..." />
```

其中：

◇ type="button"：定义普通按钮。

◇ name：定义按钮的名称。

◇ value：定义按钮的显示文字。

◇ onclick：通过指定脚本函数来定义按钮的行为。

2.2.4 综合示例

网页中表单的用途很广，下面是一些典型的应用：

(1) 在用户注册某种服务时收集姓名、地址、电话号码、电子邮件和其他信息。

(2) 收集购买某个商品的订单信息、关于调查问卷信息等。

【示例 2.4】 通过创建用户注册页面，演示 HTML 表单的综合应用。

创建一个名为 register.html 的页面，其代码如下：

```html
<html>
<head>
<meta charset="utf-8">
<title>表单控件</title>
</head>
<body>
<form method="post" action="#">
    <table>
        <tr>
            <td>用户名:</td>
            <td>
                <input type="text" id="username" value="" size="20"/>
            </td>
        </tr>
```

```
<tr>
    <td>密码:</td>
    <td>
        <input type="password" id="password" value=""
         size="20"/>
    </td>
</tr>
<tr>
    <td>性别:</td>
    <td>
        <input type="radio" id="sex" value="male" />男
        <input type="radio" id="sex" value="female" />女
    </td>
</tr>
<tr>
    <td>国家:</td>
    <td>
        <select name="country">
            <option id="default" selected="selected">
            -请选择您所在的国家-
            </option>
            <option id="China">中国</option>
            <option id="America">美国</option>
            <option id="Japan">日本</option>
            <option id="France">法国</option>
            <option id="England">英国</option>
        </select>
    </td>
</tr>
<tr>
    <td>爱好:</td>
    <td>
        <input type="checkbox" name="interest"
        value="music" />音乐
        <input type="checkbox" name="interest"
        value="travel" />旅游
        <input type="checkbox" name="interest"
        value="climbing" />登山
        <input type="checkbox" name="interest"
        value="reading" />阅读
```

```
                        <input type="checkbox" name="interest"
                        value="basketball"/>篮球
                        <input type="checkbox" name="interest"
                        value="football" />足球
                </td>
        </tr>
        <tr>
                <td>个人简介:</td>
                <td>
                        <textarea name="comments" rows="3" cols="50">
                        </textarea>
                </td>
        </tr>
        <tr>
                <td>
                </td>
                <td>
                                
                                
                                
                        <input type="submit" value="提交" />  
                        <input type="reset" value="重置" />
                </td>
        </tr>
    </table>
</form>
</body>
</html>
```

上述表单要求用户输入关于个人的基本信息并提交到服务器,类似于在网站上注册用户时的表单。

通过 Chrome 浏览器查看该 HTML 页面,结果如图 2-4 所示。

图 2-4 表单综合应用演示

2.3 内联框架

框架(frame)是浏览器窗口的一个区域，在这个区域中可以显示一个单独的文档(页面)。当要在单个 HTML 文件中显示其他网页时可以使用内联框架实现，内联框架的本质是在一个页面中嵌入一个框架窗口来显示另一个页面的内容。

内联框架使用<iframe>标签来定义。<iframe>标签的常用属性及作用如表 2-1 所示。

表 2-1　iframe 的常用属性及作用

属性名	说　　明
src	指定在<iframe>中显示的文档的 URL
name	指定<iframe>的名称
height	指定内联框架的高度
width	指定内联框架的宽度

注　意　<iframe>的 src 属性也可以设置为绝对路径，但建议使用相对路径，以防工程目录发生变化。

【示例 2.5】　实现内联框架功能。

创建一个名为 NeiLianFrameEG.html 的页面，其代码如下：

```
<html>
<head>
    <title>内联框架</title>
</head>
<body>
    <iframe src="register.html" height="400px" width="800px"></iframe>
</body>
</html>
```

上述代码在当前网页中显示了一个高度为 400 px，宽度为 800 px 的内联框架，引用的网页为 register.html。

通过 Chrome 浏览器查看该 HTML 页面，结果如图 2-5 所示。

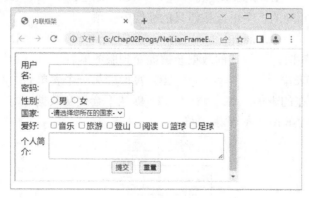

图 2-5　内联框架演示

本 章 小 结

通过本章的学习，读者应当了解：

✧ 表格是 HTML 的高级控件之一，可以清晰明了地展现数据之间的关系，便于进行对比分析。

✧ HTML 中与表格有关的 10 个标签是：<table>、<caption>、<th>、<tr>、<td>、<thead>、<tbody>、<tfoot>、<col>、<colgroup>。

✧ 表单由表单标签、表单域、表单按钮组成。

✧ 创建表单最关键的是掌握三个要素，即表单控件、action 属性和 method 属性。

✧ 向服务器传递数据的 HTTP 方法主要有 Get 和 Post 两种，默认值是 Get。

✧ 表单域包含了文本框、密码框、隐藏域、多行文本框、复选框、单选按钮、下拉选择框和文件上传框等，用于采集用户输入或选择的数据。

✧ 表单按钮主要分为三类：提交按钮、重置按钮和普通按钮。

✧ 使用框架可以把浏览器窗口划分成多个相互独立的区域。

✧ HTML 框架既可以横向分割，也可以纵向分割。

✧ 使用内联框架可以在当前 HTML 文档中嵌入另一个文档。

本 章 练 习

1. _____、_____ 和 _____ 标签用于定义表格、行和单元格。

A. tbody tr td   B. table row cell   C. table tr td   D. table th td

2. 能够使表格的单元格合并的属性是 _____。

A. cellspacing   B. cellpadding   C. rowspan   D. colspan

3. 表单的 _____ 属性用来定义提交数据的方法。

A. action   B. method   C. enctype   D. target

4. 文本框的 _____ 属性用来定义显示宽度。

A. width   B. maxlength   C. height   D. size

5. _____ 属性相同的多个单选按钮只能被选中一项。

A. id   B. name   C. value   D. type

6. 单击提交按钮时，_____ 的数据会被提交到服务器。

A. 页面的所有表单   B. 页面的第一个表单

C. 提交按钮所在的表单   D. 默认不会提交数据

7. 请完成如图 2-6 所示的学生表格。

学号	姓名
1	张张张
2	王王
3	李李李

图 2-6　学生表格示意

第 3 章 CSS 样式

本章目标

■ 了解 CSS 的特点及优势

■ 掌握 CSS 的基本语法及样式规则

■ 掌握 CSS 基本选择器的定义方式

■ 掌握 CSS 复合选择器的定义方式

■ 掌握 CSS 的继承特性

■ 掌握 CSS 的引用方式及优先级

■ 掌握伪类及伪元素的使用方式

■ 掌握 CSS 样式中常用的属性设置

3.1　CSS 基本语法

随着 Internet 的发展，HTML 的应用越来越广泛，其在排版设计方面的局限性也日益暴露出来。为解决这个问题，最初网页设计人员给 HTML 增加很多属性——例如将文本变成图片，过多地利用 Table 排版，用空白图片表示白色的空间等——却将代码变得十分臃肿。直到 CSS 的出现，才较好地解决了网页界面排版的问题。

CSS(Cascading Style Sheets，层叠样式表)是网页设计的一个突破，解决了网页界面排版的难题。可以这样理解：HTML 的标签侧重于定义网页的内容(content)，而 CSS 侧重于规定网页内容如何显示(layout)。CSS 的强大功能，使网页设计可以更加丰富多样。

3.1.1　样式规则

CSS 由样式规则组成，这些规则用于定义文档的样式，即告诉浏览器该如何显示文档。CSS 的定义由三个部分构成：选择器(selector)、属性(properties)和属性的取值(value)，其语法规则如下：

```
selector
{
    property1：value;
    property2：value;
    ......
    property：value;
}
```

其中：

◇　selector 是选择器，最普通的选择器就是 HTML 标签的名称。可以用逗号将选择器中的元素分开，把一组属性应用于多个元素，这样可以减少样式重复定义，如：

```
h1,h2,h3,h4,h5,h6 { color: green }
p,table{ font-size: 9pt }
```

◇　property1、property2 和 propertyN 为属性名。
◇　value 为对应属性名指定的值。

每对属性名/属性值后一般要跟一个分号(括号内只有一对名/值的情况除外)，示例代码如下：

```
p{
    font-family:Arial;
    font-size:20pt;
    font-weight:bold;
    color:red;
    display:block;
}
```

上述代码创建了一个 CSS 样式表，其中只有一个样式规则，这个规则指定使用<p>标签修饰的段落应以 20 磅(font-size:20 pt)、粗体(font-weight:bold)的 Arial 字体(font-family:Arial)，并将其内容以红色(color:red)显示在块中(display:block)。

可以在 HTML 中使用<style>标签声明 CSS 样式表，这种样式表称为内部样式表。本章中的大部分示例都使用了内部样式表。

【示例 3.1】　使用内部样式表，演示 CSS 在网页文档中的基本用法和实现效果。

创建一个名为 CSSBaseEG1.html 的页面，其代码如下：

```
<html>
    <head>
        <title>CSS 基础</title>
        <style type="text/css">
                h1 {color:green;font-size:38px;font-family:impact}
        </style>
    </head>
    <body>
        <h1>CSS 样式</h1>
    </body>
</html>
```

上述代码中，通过 CSS 设定了<h1>标题的颜色为 green、字号为 38 px、字体族为 impact，并使用<style>标签将 CSS 语句嵌入到 HTML 中。

通过 Chrome 浏览器查看该 HTML 页面，效果如图 3-1 所示。

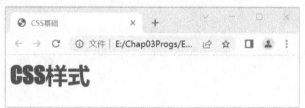

图 3-1　CSS 样式结构演示

3.1.2　基本选择器

选择器用于定位所要修饰的元素。根据选择器的构成形式，可以将选择器分为基本选择器和复合选择器两大类。基本选择器是由单个选择器组成的，主要包括标签选择器、类选择器、ID 选择器和通用选择器。

1．标签选择器

任何 HTML 标签都可以是一个 CSS 的选择器。指定某标签作为选择器的示例代码如下：

```
p {text-indent: 3em}
```

上述代码中的选择器是 p，那么，引用该样式的网页中所有<p>标签的样式都会按照上述样式显示。

2．类选择器

使用类选择器，可以把相同的标签分类定义为不同的样式。对于一篇文章，如果要求段落的显示有两种对齐方式：要么居中，要么左对齐，这个要求就可以通过类选择器来实现。定义类选择器时，在自定义类的名称前面要加一个点号，具体语法如下：

```
.classname{property1 : value;...}
```

其中，classname 用于指定类选择器名称。任何 HTML 标签如果要使用类选择器样式，只需在该标签中添加 class 属性，并将 class 属性值设置为类选择器名即可。

【示例 3.2】 应用类选择器，将相同的标签分类定义为不同的样式。

创建一个名为 ClassCssEG1.html 的页面，其代码如下：

```
<html>
    <head>
            <title>类样式</title>
            <style type="text/css">
                    <!--
                                p{text-align:center }
                                .left{text-align:left;background-color:yellow}
                                .right{ text-align:right;background-color:red}
                    -->
            </style>
    </head>
    <body>
            <p >段落一是居中对齐的！</p>
            <p class="left">段落二是左对齐的！</p>
            <p class="right">段落三是右对齐的！</p>
    </body>
</html>
```

上述代码中同时定义了标签选择器 p 和类选择器 left、right。通过 Chrome 浏览器查看该 HTML，效果如图 3-2 所示。

图 3-2　类样式演示 1

需要注意的是，类选择器的优先级高于标签选择器，所以相同属性的样式，类选择器样式会覆盖标签选择器的样式。所以图 3-2 中第二个段落和第三个段落虽然同时使用标签选择器样式和类选择器样式，但由于类选择器的优先级高于标签选择器，所以两个段落是分别按照各自的类选择器样式来显示的，实现了通过类选择器对元素分类设置样式的目的。

使用类选择器时，还可以让不同的标签共享同样的样式，从而提高代码的灵活度和复用度。

【示例 3.3】 应用类选择器将不同的标签定义为同样的样式。

创建一个名为 ClassCssEG2.html 的页面，其代码如下：

```html
<html>
    <head>
        <title>类样式</title>
        <style type="text/css">
            <!--
                    .left{text-align:left;background-color:yellow}
            -->
        </style>
    </head>
    <body>
        <p class="left">这个段落是左对齐的！</p>
        <h1 class="left">这个标题是左对齐的！</h1>
    </body>
</html>
```

上述代码在 ClassCssEG1.html 的基础上，将两个类样式分别用在了段落和标题上。通过 Chrome 浏览器查看该 HTML 页面，效果如图 3-3 所示。

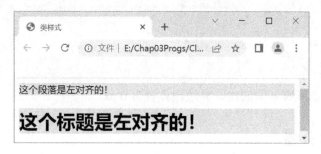

图 3-3　类样式演示 2

3．ID 选择器

在 HTML 页面中，可以使用 ID 选择器来为某个单一元素定义单独的样式。ID 选择器的语法规则如下：

```
#IDName{ property1 : value;...}
```

其中，IDName 用来指定 ID 选择器的名称。

【示例 3.4】 使用内部样式表定义 CSS，演示 ID 选择器的用法。

创建一个名为 CSSBaseEG2.html 的页面，其代码如下：

```html
<html>
    <head>
        <title>CSS 基础</title>
        <style type="text/css">
```

```
        #note {color:green;font-size:38px;font-family:impact}
    </style>
</head>
<body>
        <h1 id="note">CSS 样式</h1>
</body>
</html>
```

上述代码中,定义了一个名为"note"的 ID 选择器,然后在<h1>标签中引用该选择符,效果和图 3-1 完全相同。

与类选择器一样,ID 选择器的优先级高于标签选择器。相同属性的样式,ID 选择器样式会覆盖标签选择器的样式。所以,如果需要网页中某种标签在个别地方显示特殊效果,可以将 ID 选择器与标签选择器结合使用。

ID 选择器应尽量少用,因为要引用该选择器必须占用标签的 id 属性,但标签的 id 属性可能要用来对标签对象进行唯一标识。

4.通用选择器

通用选择器可以选择文档中的所有元素,主要用于重置文档各元素的默认样式,一般用来重置文档的内、外边距。通用选择器使用通配符"*"定义,其语法规则如下:

```
*{ property1 : value;...}
```

示例代码如下:

```
*{
  margin:0px;
  padding:0px
  }
```

上述代码将文档所有元素的内、外边距重置为 0 px。

3.1.3 复合选择器

复合选择器建立在基本选择器之上,是对基本选择器进行组合形成的。复合选择器可以更准确、更高效地选择目标元素(标签)。常用的复合选择器包括:交集选择器、并集选择器、后代选择器、子元素选择器、相邻兄弟选择器等。

1.交集选择器

交集选择器是由标签选择器与类选择器或者 ID 选择器直接连接构成的,如 p.center、p#note。两个选择器之间必须连续写,不能有空格。交集选择器的作用是选择同时满足前后两个选择器的元素,将其样式设置为第一个选择器、第二个选择器和交集选择器三个选择器样式的层叠效果。交集选择器也可以连续交,如 p.center#note,但这种写法与早期的浏览器不兼容,所以一般不建议这么写。

交集选择器的具体语法如下:

```
selector.classname | #IDName{property1 : value;...}
```

其中，selector 一般是标签选择器，".classname | #IDName"表示使用类选择器或者 ID 选择器。

【示例 3.5】 交集选择器应用示例。

```html
<html>
    <head>
            <title>交集选择器</title>
            <style type="text/css">
                    p{background-color:yellow}
                    p.txt{font-size: 40px;}
                    .txt{text-align:center}
            </style>
    </head>
    <body>
            <p> 段落一背景是黄色的</p>
            <p class="txt">段落二居中且字号 40px</p>
            <h1 class="txt">标题居中</ h1>
    </body>
</html>
```

上述代码中，通过 CSS 定义了标签选择器 p、类选择器 txt 和它们的交集选择器 p.txt 样式。交集选择器定义的字号样式只作用于<p class="txt">元素。

通过 Chrome 浏览器查看该 HTML 页面，结果如图 3-4 所示。可以看到，交集选择器作用的元素的显示效果为 CSS 中定义的 3 个选择器样式的层叠。

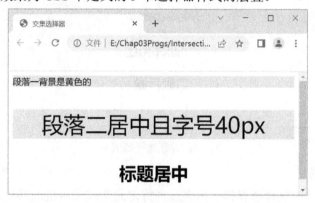

图 3-4 交集选择器演示

2．并集选择器

并集选择器，又称群组选择器，是由多个任意选择器通过","连接而成，其作用是给其中每一个选择器选中的元素设置样式，这样就把不同选择器的相同样式定义抽取出来放到并集选择器中一次定义，从而减少了 CSS 代码量，具体语法如下：

selector1, selector2, selector3, ...{property1 : value;...}

其中，selector 的类型任意，既可以是基本选择器，也可以是复合选择器。

【示例 3.6】 并集选择器应用示例。

```
<html>
    <head>
            <title>并集选择器</title>
            <style type="text/css">
                p,h1,h2{text-align:center}
                    .txt{background-color:yellow}
            </style>
    </head>
    <body>
            <p class="txt"> 段落背景是黄色的</p>
            <h1>一级标题</h1>
            <h2>二级标题</h2>
    </body>
</html>
```

上述代码中，通过 CSS 定义了由 p、h1 和 h2 三个标签选择器构成的并集选择器样式，p、h1 和 h2 三个标签选中的内容均设置为居中排列。

通过 Chrome 浏览器查看该 HTML 页面，结果如图 3-5 所示。可以看到，p、h1 和 h2 三个元素都应用了并集选择器设置的样式。

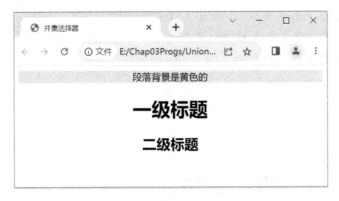

图 3-5　并集选择器演示

3. 后代选择器

后代选择器，又称包含选择器，用来选择特定元素或元素组的后代，将对祖先元素的选择放在前面，对后代元素的选择放在后面，中间加一个空格分开。对于多层祖先后代关系，可以有多个空格加以分开，具体语法如下：

```
selector1 selector2 selector3 ...{property1 : value;...}
```

示例代码如下：

```
p i{color:red}
```

其中，空格表示后代，所以 p i 表示作为 p 后代元素的 i 元素。需要注意的是，i 不一定是 p 的直接后代元素，也可以是间接的后代元素。

【示例 3.7】　后代选择器应用示例。

```
<html>
  <head>
    <title>后代选择器</title>
    <style type="text/css">
        p i{font-size:30px}
    </style>
  </head>
  <body>
      <p>祖先元素 p<b>祖先元素 b<i>间接后代元素 i</i></b></p>
      <p>祖先元素 p<i>直接后代元素 i</i></p>
  </body>
</html>
```

上述代码中，通过 CSS 定义了由 p 和 i 两个元素构成的后代选择器样式，用于选择 p 元素中作为后代的所有 i 元素。

通过 Chrome 浏览器查看该 HTML 页面，结果如图 3-6 所示。从图中可以看出，p 中的两个后代元素 i 均应用了后代选择器 p i 设置的样式。

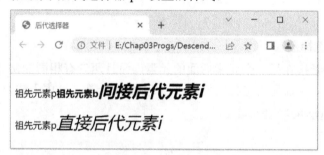

图 3-6　后代选择器演示

4. 子元素选择器

后代选择器用于选择所有后代元素，包括间接后代。而子元素选择器仅用于选择特定元素的直接后代，不包括间接后代。后代选择器通过空格来进行选择，而子元素选择器是通过 ">" 进行选择，具体语法如下：

selector1> selector2 {property1 : value;...}

【示例 3.8】　子元素选择器应用示例。

```
<html>
  <head>
    <title>后代选择器</title>
    <style type="text/css">
        p> i{font-size:30px}
    </style>
  </head>
```

```
<body>
    <p>祖先元素 p<b>祖先元素 b<i>间接后代元素 i</i></b></p>
    <p>祖先元素 p<i>直接后代元素 i</i></p>
</body>
</html>
```

上述代码中，通过 CSS 定义了由 p 和 i 两个元素构成的子元素选择器样式，用于选择 p 元素的直接后代元素 i。

通过 Chrome 浏览器查看该 HTML 页面，结果如图 3-7 所示。可以看到，p 中的直接后代元素 i 应用了子元素选择器 p > i 设置的样式，而 p 的间接后代元素 i 不受影响，字号没有改变。

图 3-7 子元素选择器演示

5. 相邻兄弟选择器

如果需要选择紧接在另一个元素后面的元素，而且两者有相同的父元素，那么可以使用相邻兄弟选择器。相邻兄弟选择器使用"+"作为结合符，具体语法如下：

```
selector1+ selector2 {property1 : value;...}
```

示例代码如下：

```
h3+p{color:red}
```

上述代码表示选择的是 h3 元素后面紧挨着的第一个"兄弟"p 元素。

【示例 3.9】 相邻兄弟选择器应用示例。

```
<html>
  <head>
    <title>相邻兄弟选择器</title>
    <style type="text/css">
        h3+p{font-style:italic;background-color:yellow}
    </style>
  </head>
  <body>
    <h3>我是一个标题</h3>
    <p>我是一个段落</p>
    <p>我是一个段落</p>
    <h3>我是一个标题</h3>
```

```
    <p>我是一个段落</p>
    <p>我是一个段落</p>
    <p>我是一个段落</p>
  </body>
</html>
```

上述代码中，通过 CSS 定义了由 p 和 i 两个元素构成的相邻兄弟选择器样式，用于选择标题 h3 后面紧跟的第一个段落。

通过 Chrome 浏览器查看该 HTML 页面，结果如图 3-8 所示。可以看到，每一个标题 h3 后面的第一个段落 p 都应用了相邻兄弟选择器 h3+p 设置的样式。

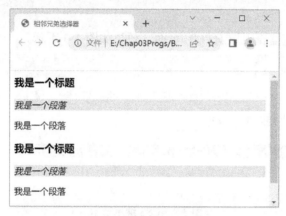

图 3-8　相邻兄弟选择器演示

3.1.4　CSS 的继承

CSS 的继承是指被包在内部的标签拥有外部标签的样式性质。继承最典型的应用通常是在网页样式的预设中，即整体布局声明。至于其他样式，只需在个别样式表中进行定义即可。

【示例 3.10】　使用内部样式表定义 CSS，演示 CSS 的继承特性及其效果。

创建一个名为 inherEG.html 的页面，其代码如下：

```
<html>
    <head>
        <title>CSS 继承演示</title>
        <style type="text/css">
            div {color:red;font-size:9pt;font-weight:bold}
            p {color:blue;font-size:20pt;font-style:italic}
        </style>
    </head>
    <body>
        <div>
```

```
                    这是红色，9 号字体，加粗的文字

            </div>

        <div>

        <p>

            这是蓝色，20 号字体，斜体、加粗的文字

        </p>

        </div>


        </body>

</html>
```

通过 Chrome 浏览器查看该 HTML 页面，效果如图 3-9 所示。

图 3-9　CSS 继承演示

从图 3-9 中可以看出，在上述代码的斜体部分，p 元素里的内容会继承 div 定义的属性(加粗)，且当继承遇到冲突时，总是以最后定义的样式为准(蓝色、20 号字体)。

 <div>标签用来定义 HTML 文档中的一个分隔区块，其详细介绍见第 4 章。

3.1.5　CSS 的使用方式

上文中讲解了 CSS 的基本语法和用法，但要将效果在浏览器中显示出来，还需让浏览器识别并调用。浏览器读取 CSS 时，会按照文本格式来读取。

在 Web 页面中使用 CSS 的方法有如下三种：

(1) 内嵌样式(Inline Style)；

(2) 内部样式表(Internal Style Sheet)；

(3) 外部样式表(External Style Sheet)。

1. 内嵌样式

内嵌样式是指将 CSS 语句混合在 HTML 标签中使用的方式，CSS 语句只对其所在的标签有效，内嵌样式通过所在标签的 style 属性声明。

例如，可以将 CSSBaseEG.html 中的 CSS 语句写到<h1>标签中，代码如下：

```
<h1 style="color:green;font-size:38px;font-family:impact">CSS 样式</h1>
```

上述代码的显示效果与 CSSBaseEG.html 的效果相同，但不会影响 HTML 文档中的其他<h1>标签。

2. 内部样式表

内部样式表是指在 HTML 的<style>标签中声明样式的方式。内部样式表通过<style>标签声明，只对所在的网页有效。CSSBaseEG.html 中的 CSS 语句就是采用内部样式表的方式，其中设置的样式适用于当前网页中所有的<h1>标签。

有些低版本的浏览器不能识别<style>标签，这意味着低版本的浏览器会忽略<style>标签里的样式规则，并把这些样式规则-以文本形式直接显示到页面上。为了避免这样的情况发生，可参照示例 ClassCssEG1.html 中的写法，在 CSS 语句中使用 HTML 注释的方式(<!--CSS 语句-->)隐藏<style>标签里的内容。

3. 外部样式表

外部样式表是指将 CSS 样式表保存成一个独立的文件，然后将该文件引用到网页中的方式。这种方式适合于多个网页需要引用大量相同的 CSS 样式的情况。样式表文件名采用后缀.css。

【示例 3.11】 给定 CSS 文件，演示外部样式表的使用。

创建一个名为 EsscssEG.css 的文件作为给定的外部样式表，代码如下：

```
p{
        font-size: 20px;
        color:yellow;
        background-color:gray;
}
h1
{
        font-size:28px;
        color:green;
}
```

创建一个名为 EsscssEG.html 的页面，引入上述 CSS 文件，代码如下：

```
<html>
    <head>
        <title>外部样式表</title>
        <link href="./EsscssEG.css" rel="stylesheet" type="text/css">
    </head>
    <body>
        <h1>这个标题使用了 css 文件中的 h1 样式</h1>
        <h1>这个标题使用了 css 文件中的 h1 样式</h1>
        <h2>这个标题没有使用 css 样式</h2>
        <p>使用 CSS 样式的段落</p>
    </body>
</html>
```

上述代码通过 HTML 语言中的<link>标签将 EsscssEG.css 文件引入到网页中。<link>标签定义了当前文件和其他外部文件之间的关系，该标签是空标签，只能位于<head>标签中，其主要属性如下：

♦ href：被引用样式文件的 URL。

♦ rel：指定链接文件的类型，如 rel="stylesheet"，表示外部文件的类型为 CSS 文件。

♦ type：指定链接文件的内容类型，如 type="text/css"。

通过 Chrome 浏览器查看该 HTML 页面，效果如图 3-10 所示。

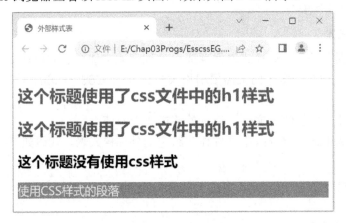

图 3-10　外部样式表演示

相对于内嵌和内部样式表，外部样式表有以下优点：

(1) 样式代码可以复用。一个外部 CSS 文件可以被很多网页共用。

(2) 便于修改。如果要修改样式，只需要修改 CSS 文件，而不需要修改每个网页。

(3) 提高网页显示的速度。如果样式写在网页里，会降低网页显示的速度；如果网页引用一个 CSS 文件，这个 CSS 文件很可能已经在缓存区(其他网页已经引用过它)，网页显示的速度就会比较快。

4．样式表引入的优先级

CSS 第一个字母是 Cascading，意为串联，指不同来源的样式可以结合在一起，形成一种样式。因此当在同一个网页中同时使用多种方式引入 CSS 样式时，各种引入方式存在优先级的区分，样式采用的优先级从高到低依次是内嵌→内部→外部→浏览器缺省。

例如，对于同一选择器，假设内嵌样式中有 font-size:18pt，而内部样式中有 font-size:20pt，那么内嵌样式就会覆盖内部样式。

3.2　伪类和伪元素

CSS 引入伪类和伪元素概念是为了格式化文档树以外的信息。也就是说，伪类和伪元素是用来修饰不在文档树中的部分，比如一句话中的第一个字母，或者列表中的第一个元素。

3.2.1　伪类

伪类是 W3C 制定的一套选择器的特殊状态，通过伪类可以设置元素的动态状态，例如悬停(hover)、点击(active)以及文档中不能通过其他选择器选择的元素(这些元素没有 id 或 class 属性)，例如第一个子元素(first-child)或者最后一个子元素(last-child)。

伪类的名称不区分大小写，但需要以冒号“:”开头。另外，伪类需要与 CSS 中的选择器结合使用，语法格式如下：

selector:pseudo-class { property1 : value; ...}

其中，selector 为选择器的名称，pseudo-class 为伪类的名称。

目前 W3C 定义的伪类有几十个之多，表 3-1 中列出了常用的几个。

表 3-1　伪 类 类 型

伪类类型	说　　明
:link	设置链接在未被访问前的样式
:hover	设置链接在鼠标悬停其上时的样式
:active	设置链接在被用户激活(在鼠标单击与释放之间)时的样式
:visited	设置链接已被访问过时的样式
:focus	设置拥有键盘输入焦点的元素的样式
:first-child	设置一组兄弟元素中的第一个元素的样式
:last-child	设置一组兄弟元素中的最后一个元素的样式
:lang	设置带有指定 lang 属性的元素的样式

下面通过示例，演示上述各个伪类的使用方法。

【示例 3.12】　使用伪类设置锚链接不同状态的样式。

创建一个名为 PseudoClassEG .html 的页面，其代码如下：

```
<html>
    <head>
        <title>锚伪类</title>
        <style type="text/css">
            <!--
                a:link{font-size:18px;color:black; text-decoration:none}
                a:visited{font-size:48px;color:blue; text-decoration:underline}
                a:hover{font-size:28px;color:red;text-decoration:none}
                a:active{font-size:38px;color:gray; text-decoration:none}
            -->
        </style>
    </head>
    <body>
        <a href="#锚点">转到锚点</a>
        <a name="锚点"><h3>演示锚链接伪类</h3></a>
    </body>
</html>
```

上述代码分别设置了锚链接四种伪类的样式：锚点在未被单击前是正常的状态；当鼠标悬停在上面时，字号变为 28 px，颜色变成红色；在激活的过程中时，字号变为 38 px，颜色变成灰色；在被单击后，字号变为 48 px，颜色变成蓝色。

需要注意的是，使用伪类设置锚链接不同状态的样式时，要按一定的顺序设置：a:hover 必须位于 a:link 和 a:visited 之后，a.active 必须位于 a:hover 之后。这样，鼠标悬停以及激活状态的样式才能生效。

通过 Chrome 浏览器查看该 HTML 页面，效果如图 3-11 所示。可在超链接上使用鼠标进行操作，以体验锚链接伪类的作用。

图 3-11　锚链接伪类演示

将锚链接伪类和类选择器结合使用，可在同一个页面中做出多组不同的链接效果。例如，定义两组链接效果，第一组在单击链接之前为红色，访问后变为蓝色；第二组在单击之前为灰色，访问后变为绿色。

【示例 3.13】 定义 CSS，演示锚链接伪类和类选择器结合的使用及效果。

创建一个名为 PseudoAndClassEG.html 的页面，其代码如下：

```html
<html>
    <head>
        <title>锚链接伪类和类选择器</title>
        <style type="text/css">
            <!--
            a.ClassFst:link{font-size:18px;color:red; }
            a.ClassFst:visited{font-size:18px;color:blue; }
            a.ClassSec:link{font-size:18px;color:gray; }
            a.ClassSec:visited{font-size:18px;color:green; }
            -->
        </style>
    </head>
    <body>
        <a class="ClassFst" href="#锚点 1">转到锚点 1</a><br>
        <a class="ClassSec" href="#锚点 2">转到锚点 2</a><br><br><br>
        <a name="锚点 1"><h3>演示锚链接伪类和类选择器 1</h3></a><br><br><br>
        <a name="锚点 2"><h3>演示锚链接伪类和类选择器 2</h3></a>
    </body>
```

</html>

通过 Chrome 浏览器查看该 HTML 页面，结果如图 3-12 所示。可在超链接上使用鼠标进行操作，以体验其作用。

图 3-12　锚链接伪类和类选择器演示

【示例 3.14】　定义 CSS，演示伪类 focus 的使用及效果。

创建一个名为 FocusEG.html 的页面，其代码如下：

```html
<html>
    <head>
        <title>伪类 lang 演示</title>
        <style type="text/css">
                input:focus { background-color: gray;}
        </style>
    </head>
    <body>
        <form action="#" method="post">
            用户名: <input type="text" name="username"><br>
            密码: <input type="password" name="psw"><br>
            <input type="submit" value="登录">
        </form>
    </body>
</html>
```

上述代码通过 CSS 设置了文本框或密码框获得键盘输入焦点时的背景颜色。

通过 Chrome 浏览器查看该 HTML 页面，结果如图 3-13 所示。

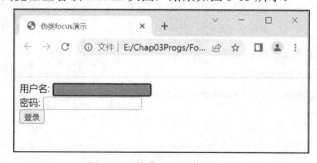

图 3-13　伪类 focus 应用演示

【示例 3.15】 定义 CSS，演示伪类 first-child 和 last-child 的使用及效果。

创建一个名为 FirstandLastEG.html 的页面，其代码如下：

```
<html>
    <head>
        <title>伪类 first-child 和 last-child 演示</title>
        <style type="text/css">
            p:first-child { color: blue;}
            p:last-child { color: red;}
        </style>
    </head>
    <body>
        <p>这是一段文本。</p>
        <p>这是一段文本。</p>
        <p>这是一段文本。</p>
        <p>这是一段文本。</p>
    </body>
</html>
```

上述代码中，使用伪类 p:fisrt-child 将第一个 p 元素中的字体颜色设置为蓝色，使用伪类 p:last-child 将最后一个 p 元素中的字体颜色设置为红色。

通过 Chrome 浏览器查看该 HTML 页面，结果如图 3-14 所示。

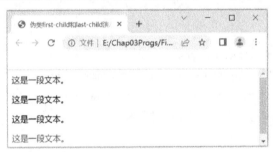

图 3-14　伪类 first-child 和 last-child 应用演示

【示例 3.16】 定义 CSS，演示伪类 lang 的使用及效果。

创建一个名为 LangEG.html 的页面，其代码如下：

```
<html>
    <head>
        <title>伪类 lang 演示</title>
        <style type="text/css">
            q:lang(zh) {text-decoration:underline;font-size:30px;}
        </style>
    </head>
    <body>
        <p><q lang="zh">这是一段文本。</q></p>
```

```
            <p>This is a piece of text。</p>
        </body>
</html>
```

上述代码中，使用伪类 lang 将中文文本的样式设置为字号 30 px，带下画线；而英文文本没有进行样式设置。

通过 Chrome 浏览器查看该 HTML 页面，结果如图 3-15 所示。

图 3-15　伪类 lang 应用演示

3.2.2　伪元素

与伪类的方式类似，伪元素通过触发插入到文档中的虚构元素来实现设定的样式。早期伪元素和伪类都使用单冒号"："，但最新的 CSS3 规定伪元素要使用双冒号"：："，伪类要使用单冒号"："，这样二者的区分更加明显。一些常用的伪元素类型如表 3-2 所示。

表 3-2　伪元素类型

伪类类型	说　　　明
::first-line	设置块级元素内容的第一行的样式
::first-letter	设置块级元素内容的第一行的首字符的样式
::before	在元素之前插入内容
::after	在元素之后插入内容

下面通过示例，演示上述各类伪元素的使用。

【示例 3.17】　设置段落第一行的样式，演示首行伪元素 first-line 的用法。

创建一个名为 FirstLineEG.html 的页面，其代码如下：

```
<html>
    <head>
        <title>伪元素first-line</title>
        <style type="text/css">
                p::first-line{font-weight:bold;color:green;font-size:150%}
        </style>
    </head>
    <body>
        <p>
                这是段落的第一行，使用了 First-line 伪元素。
```

```
                <br>
                这是段落的第二行。
        </p>
    </body>
</html>
```

上述代码中，将段落第一行通过首行伪元素设置字体为粗体，颜色为 green，字号为标准的 1.5 倍。

通过 Chrome 浏览器查看该 HTML 页面，效果如图 3-16 所示。

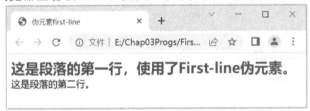

图 3-16　首行伪元素 first-line 演示

【示例 3.18】　使用 font-size 属性和 float 属性制作首字下沉效果，演示首字母伪元素 first-letter 的用法。

创建一个名为 FirstLetterEG.html 的页面，其代码如下：

```
<html>
    <head>
        <title>伪元素 first-letter</title>
        <style type="text/css">
            p::first-letter
            {
                    color:red;
                    font-weight:bold;
                    font-size:150%;
                    float:left
            }
        </style>
    </head>
    <body>
        <p>
            这是段落的第一行，使用了 First-letter 伪元素。
        </p>
    </body>
</html>
```

上述代码中，将段落第一个汉字通过首字母伪元素设置字体为粗体，颜色为 red，字号为标准的 1.5 倍，文字向对象的左边浮动。

通过 Chrome 浏览器查看该 HTML 页面，效果如图 3-17 所示。

图 3-17　首字母伪元素 first-letter 演示

【示例 3.19】　在 p 元素的前面和后面各添加一串文本，演示伪元素 before 和 after 的用法。

创建一个名为 BeforeandAfterEG.html 的页面，其代码如下：

```html
<html>
    <head>
        <title>伪元素 before 和 after</title>
        <style type="text/css">
                p::before {content:"原为前内容";font-size: 20px;font-style: italic; }
                p::after {content:"原文后内容" ;font-size: 30px}
         </style>
    </head>
    <body>
        <p>原文</p>
    </body>
</html>
```

上述代码在 p 元素内容的前面和后面各添加了一串文本。

通过 Chrome 浏览器查看该 HTML 页面，效果如图 3-18 所示。

图 3-18　伪元素 before 和 after 演示

3.3　CSS 样式属性

与单纯使用 HTML 相比，通过 CSS 设置不同的样式规则属性，可以让网页变得更加丰富多彩。本节将从文本、文字、背景、边框这几个角度来详细介绍 CSS 中的各种属性。

3.3.1　文本属性

文本属性主要用于块标签中文本的样式设置。常用的属性有缩进、对齐方式、行高、

文字和字母间隔、文本转换和文本修饰等。各属性的功能和取值方式如表 3-3 所示。

表 3-3　文本属性列表

文本属性	功　　能	取　值　方　式
text-indent	实现文本的缩进	长度(length)：可以用绝对单位(cm，mm，in，pt，pc)或者相对单位(em，ex，px)；百分比(%)：相对于父标签宽度的百分比
text-align	设置文本的对齐方式	left：左对齐；center：居中对齐；right：右对齐；justify：两端对齐
line-height	设置行高	数字或百分比，具体可参考文本缩进的取值方式
word-spacing	文字间隔，用来修改段落中文字之间的距离	缺省值为 0。word-spacing 的值可以为负数。当 word-spacing 的值为正数时，文字之间的间隔会增大；反之，word-spacing 的值为负数时，文字间距就会减少
letter-spacing	字母间隔，控制字母或字符之间的间隔	取值与文字间隔类似
text-transform	文本转换，主要是对文本中字母大小写的转换	uppercase：将整个文本变为大写；lowercase：将整个文本变为小写；capitalize：将整个文本的每个文字的首字母大写
text-decoration	文本修饰，修饰强调段落中一些主要的文字	none、underline(下画线)、overline(上画线)、line-through(删除线)和 blink(闪烁)

【示例 3.20】定义 CSS，演示文本各项属性的用法及效果。

创建一个名为 TextCssEG.html 的页面，其代码如下：

```
<html>
    <head>
        <title>CSS 属性演示</title>
        <style type="text/css">
            /*文本属性设置*/
            p.txt{line-height:40px;word-spacing:4px; text-indent:30px
                ;text-decoration:underline;margin:auto}
        </style>
    </head>
    <body><div>
        <h3>再别康桥</h3>
        <p class=txt
            轻轻地我走了，正如我轻轻地来；
            我轻轻地招手，作别西边的云彩。
            那河畔的金柳。是夕阳中的新娘，
            波光里的艳影，在我的心头荡漾。
        </p>
```

```
</div> </body>
</html>
```

上述代码将段落的首行缩进设置为 30 px，行高设置为 40 px，文字之间的间距设置为 4 px，段落中文字使用下画线进行修饰。

通过 Chrome 浏览器查看该 HTML 页面，效果如图 3-19 所示。

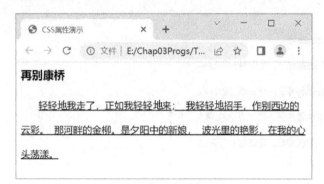

图 3-19　文本属性演示

3.3.2　文字属性

CSS 中通过一系列的文字属性来设置网页中文字的显示效果，主要包括文字字体、文字加粗、字号、文字样式。各属性的功能和取值方式如表 3-4 所示。

表 3-4　文字属性列表

文字属性	功　能	取　值　方　式
font-family	设置文字字体	文字字体取值可以为：宋体、ncursive、fantasy、serif 等多种字体
font-weight	文字加粗	normal：正常字体；bold：粗体；bolder：特粗体；lighter：细体
font-size	文字字号	absolute-size：根据对象字体进行调节；relative-size：相对于父对象中字体尺寸进行相对调节；length：百分比。由浮点数字和单位标识符组成的长度值，不可为负值。其百分比取值基于父标签中字体的尺寸
font-style	文字样式	normal：正常的字体；italic：斜体；oblique：倾斜的字体

【示例 3.21】　通过设置文字属性来演示文字属性添加后的效果。

创建一个名为 FontCssEG.html 的页面，在 <style> 标签中加入如下代码：

```
......
/*文字属性设置*/
h3{font-family:隶书;font-weight:bolder;color:green;margin:auto}
p{font-size:14px;font-style:italic;color:#8B008B;font-weight:bold}
......
```

上述代码中，标题<h3>中文字的字体设置为隶书，文字设置为粗体，文字的颜色设置为green；段落(<P>)中文字的字号设置为 14 px，颜色值设置为#8B008B，并且为斜体、加粗。

通过 Chrome 浏览器查看该 HTML 页面，结果如图 3-20 所示。

图 3-20　文字属性演示

3.3.3　背景属性

CSS 样式中的背景属性共有六项：背景颜色、背景图像、背景重复、背景附加、水平位置和垂直位置。背景属性的功能和取值如表 3-5 所示。

表 3-5　背景属性列表

背景属性	功　　能	取　值　方　式
background-color	设置对象的背景颜色	属性的值为有效的色彩数值
background-image	设置背景图片	可以通过为 url 指定值来设定绝对或相对路径来指定网页的背景图像，例如 background-image:url(xxx.jpg)，如果没有图像则其值为 none
background-repeat	背景平铺，设置指定背景图像的平铺方式	repeat：背景图像平铺(有横向和纵向两种取值：repeat-x：图像横向平铺；repeat-y：图像纵向平铺)；norepeat：背景图像不平铺
background-attachment	背景附加，设置指定的背景图像是跟随内容滚动，还是固定不动	scroll：背景图像随内容滚动；fixed：背景图像固定，即内容滚动图像不动
background-position	背景位置，确定背景的水平和垂直位置	左对齐(left)、右对齐(right)、顶部(top)、底部(bottom)和值(自定义背景的起点位置，可对背景的位置做出精确的控制)
background	该属性是复合属性，即上面几个属性的随意组合，用于设定对象的背景样式	该属性的取值实际上对应上面几个具体属性的取值，如background:url(xxx.jpg)等价于background-image:url(xxx.jpg)。该属性的默认值为：transparent none repeat scroll 0% 0%，等价于background-color: transparent; 　　background-image: none; 　　background-repeat: repeat; 　　background-attachment: scroll; 　　background-position: 0% 0%;

【示例 3.22】　为页面增加背景图片，演示背景属性的使用方法。

创建一个名为 BackGroundEG.html 的页面，在<style>标签中加入以下代码：

```
......
/*背景属性设置*/
          body{background:url(images/background.jpg) no-repeat}
......
```

通过 Chrome 浏览器查看该 HTML 页面，效果如图 3-21 所示。

图 3-21　背景属性演示

3.3.4　边框属性

边框属性用来设置对象边框的颜色、样式和宽度。下面分别对边框颜色、边框样式和边框宽度属性进行讲解。

1.　边框颜色

用于设定边框的颜色(border-color)。颜色的设置有四个参数，根据赋值个数的不同，会有以下几种情况：

(1)　如果提供四个颜色参数，将按上→右→下→左的顺序作用于四个边框。

(2)　如果只提供一个颜色参数，则应用于四个边框。

(3)　如果提供两个参数，第一个用于上、下边框，第二个用于左、右边框。

(4)　如果提供三个参数，第一个用于上边框，第二个用于左、右边框，第三个用于下边框。

上述四种情况的代码格式如下。

```
//作用于上、右、下、左四个边框
body { border-color: silver red blue black;}
//默认作用于四个边框，四个边框的颜色为银白色
body { border-color: silver; }
//silver 颜色用于上下边框，red 颜色用于左右边框
body { border-color: silver red; }
```

```
//silver 用于上边框，red 用于左右边框，black 用于下边框
body { border-color: silver red black;}
```

2. 边框样式

用于设定边框的样式(border-style)。边框样式同样有四个参数，赋值方式与边框颜色相同，在此不再赘述。CSS 中提供的边框样式具体如表 3-6 所示。

表 3-6　边　框　样　式

边框样式	说　　　明
none	无边框
hidden	隐藏边框
dotted	点线边框
dashed	虚线边框
solid	实线边框
double	双线边框，两条单线与其间隔的和等于指定的 border-width 值
grove	根据 border-color 的值画 3D 凹槽
ridge	根据 border-color 的值画菱形边框
inset	根据 border-color 的值画 3D 凹边
outset	根据 border-color 的值画 3D 凸边

3. 边框宽度

用于设定边框的宽度(border-width)，宽度的取值为关键字或自定义的数值。边框宽度同样有四个参数需要赋值，赋值方式与边框颜色相同，在此不再赘述。宽度取值的三个关键字如下：

(1) medium：默认宽度。

(2) thin：小于默认宽度。

(3) thick：大于默认宽度。

上述三种属性对单个边框使用时，只需加上边框的位置即可。例如，要对 top 边框设置 width 属性，就可以进行如下设置：

```
border-top-width:自定义数值
```

【示例 3.23】　设置页面中两个<p>标签的边框外观，演示边框宽度属性的用法。

创建一个名为 PositionCssEG2.html 的页面，其代码如下：

```
<html>
<head>
        <title>Position 属性演示</title>
        <style type="text/css">
                .p1{
                        border:2px solid #000000;
                }
                .p2{
                        border:1px dotted #CC0000;
```

```
            }
        </style>
    </head>
    <body>
        <p class="p1" style="background-color:#66CCFF; width:50px; height:80px">
            P1
        </p>
        <p class="p2" style="background-color:#CCCCCC; width:50px; height:80px">
            P2
        </p>
    </body>
</html>
```

上述代码中，分别设置了两个<p>标签边框的宽度、样式和颜色。

通过 Chrome 浏览器查看该 HTML 页面，结果如图 3-22 所示。

图 3-22　边框属性演示

本 章 小 结

通过本章的学习，读者应当了解：

✧ CSS 样式表能实现内容与样式的分离，方便团队开发。

✧ CSS 样式表的规则由选择器和属性设置组成。

✧ 选择器可以是 HTML 标签选择器、类选择器、ID 选择器、通用选择器或者复合选择器。

✧ CSS 的继承是指被包在内部的标签拥有外部标签的样式性质。

✧ 当 CSS 继承遇到冲突时，总是以最后定义的样式为准。

✧ 在页面内使用 CSS 时可以采用内嵌样式、内部样式表或外部样式表三种方式。

✧ 当在同一个网页中同时使用多种方式引入 CSS 样式时，样式采用的优先级从高到低依次是内嵌→内部→外部→浏览器缺省。

◇ 常用的伪类：link、hover、active、visited、focus、first-chlid、last-child、lang 等。

◇ 伪元素通过触发插入到文档中的虚构元素来实现设定的样式。

◇ 常用的 CSS 样式属性有文本属性、文字属性、背景属性、边框属性等。

◇ 常用的设置文字样式的属性有 font-size、font-family、font-style、text-align 等。

◇ 常用的设置背景及颜色的属性有 background、background-image、background-color 等。

本 章 练 习

1. 下列样式的写法正确的是_____。(多选)

A. html {color : red}   B. .xyz {color : blue}

C. #abc {color : yellow}   D. div , table a {color : white}

2. 以下代码运行后的显示效果为_____。

```
<style>
     #s{color:orange}
     div{color:red}
     span{color:blue}
     span a{color:green}
</style>
<div id="s">
     内容1
     <span>
             内容2
             <a>内容3</a>
     </span>
</div>
```

A. "内容1"橙色，"内容2"蓝色，"内容3"蓝色

B. "内容1"红色，"内容2"蓝色，"内容3"蓝色

C. "内容1"红色，"内容2"蓝色，"内容3"绿色

D. "内容1"橙色，"内容2"蓝色，"内容3"绿色

3. 指定文字为斜体使用的样式是_____。

A. font-family   B. font-size   C. font-style   D. font-weight

4. 边框的粗细通过_____指定。

A. border-weight   B. border-size   C. border-style   D. border-width

5. 当页面上通过三种方式引入样式后，从低到高的优先级顺序为_____。

A. 内嵌样式，内部样式，外部样式   B. 内部样式，内嵌样式，外部样式

C. 外部样式，内部样式，内嵌样式   D. 外部样式，内嵌样式，内部样式

6. 定义<a>标签的四种伪类，分别使用不同的颜色，无下画线。

第 4 章 页 面 布 局

本章目标

- 理解盒子模型的概念

- 熟练使用布局标签

- 掌握不同元素类型的特点

- 掌握 CSS 定位技术

- 掌握 CSS 浮动技术

- 掌握 DIV+CSS 布局技术

4.1 盒子模型

CSS 盒子模型是 CSS 布局页面元素所使用的一种思维模型。在这个模型中，先假定每个元素都会生成一个或多个矩形框，称为元素框。各元素框中心都有一个内容区(content)，内容区周围有可选的内边距(padding)、边框(border)和外边距(margin)，如图 4-1 所示。

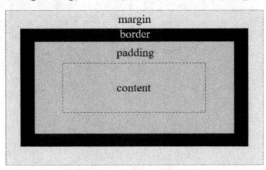

图 4-1　盒子模型示意图

生活中常见的手机盒子就可以看作一个盒子模型。一个完整的手机盒子通常包含手机、填充泡沫和盛装手机的纸盒。如果把手机盒子想象成 HTML 元素，那么手机相当于内容，填充泡沫相当于内边距，纸盒相当于边框，当前纸盒与相邻纸盒的间距相当于当前纸盒的外边距。

每个盒子都有固定的大小，此大小是由内容区、内边距、边框和外边距共同决定的。其中边框属性的定义见 3.3.4 节，其余三部分的属性定义如表 4-1 所示。

表 4-1　盒子模型属性

所属部分	属　性	说　明	取值方式
内容区	width	内容区的宽度	auto：浏览器根据内容自动计算属性值； 长度(length)：可以用绝对单位(cm，mm，in，pt，pc)或者相对单位(em，ex，px)； 百分比(%)：相对于父元素相同属性的百分比； inherit：继承父元素的相同属性值
内容区	height	内容区的高度	
内边距	padding	简写属性，同时设置盒子四个方向的内边距	
内边距	padding-top	设置上内边距	
内边距	padding-right	设置右内边距	
内边距	padding-bottom	设置下内边距	
内边距	padding-left	设置左内边距	
外边距	margin	简写属性，同时设置盒子四个方向的外边距	
外边距	margin -top	设置上外边距	
外边距	margin -right	设置右外边距	
外边距	margin -bottom	设置下外边距	
外边距	margin -left	设置左外边距	

CSS 使用宽度属性和高度属性控制盒子内容区的大小。除去内容部分，其余每个部分

又分别包含上、下、左、右四个方向，每个方向既可以分别赋值，也可以统一赋值，赋值方式与边框颜色设置(见 3.3.4 节)相同，此处不再赘述。

　　将元素看作矩形的盒子后，对页面的布局就变成了对一个个盒子的布局。CSS 中定义了对盒子进行排列和定位的相关属性和规则，本章接下来将会对布局标签、布局规则进行详细介绍。

4.2　布　局　标　签

　　HTML 中定义了多个用于布局的标签，例如<div>标签、<span>标签、HTML 5 结构标签等，接下来逐一进行介绍。

4.2.1　<div>标签

　　<div>标签用来定义 HTML 文档中的一个分隔区块或一个区域，它没有特定的含义，主要作为组合其他 HTML 元素的容器使用。当把文字、图片等放在<div>标签中时，该标签被称为 div 块、div 元素或 div 层。

　　使用<div>标签，可将文档分割为独立的、不同的部分，每部分可以独立设置 CSS 样式，可以轻松地通过 CSS 对其进行定位。因此将<div>和 CSS 结合使用，可以更好地控制和布局页面内容。

　　如果单独使用<div>标签，而不加任何 CSS 样式修饰，那么它在网页中的效果和使用段落标签<p></p>的效果是相同的。

　　【示例 4.1】　演示<div>标签的使用及效果。
　　创建一个名为 DivEG.html 的页面，其代码如下：

```
<html>
<head>
      <title>div标签演示</title>
      <style type="text/css">
            .div1{
                  border:2px solid #000000; background-color:#66CCFF
            }
            .div2{
                  border:1px dotted #CC0000; background-color:#CCCCCC; width:50px; height:80px
                  margin-top:20px;
            }
</style>
</head>
<body>
      <div class="div1" >
```

```
            DIV1
        </div>
        <div class="div2">
            DIV2
        </div>
</body>
</html>
```

上述代码中，创建了两个 div 元素，它们分别独占一行，且依次垂直排列。其边框样式、背景颜色分别由 CSS 代码中两个类选择器 .div1 和 .div2 设置。另外，.div1 中没有设置 weight 值，而 .div2 中设置了 weight 值，所以第一个 div 的宽度自动填满父元素宽度，而第二个 div 的宽度为设置值 50 px。

通过 Chrome 浏览器查看该 HTML，效果如图 4-2 所示。

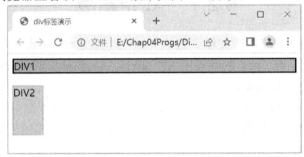

图 4-2   <div>标签演示

4.2.2   <span>标 签

<span>标签没有任何的语义，主要用作组合文本的容器，为文本设置样式属性。

【示例 4.2】 演示<span>标签的使用及效果。

创建一个名为 SpanEG.html 的页面，其代码如下：

```
<html>
<head>
    <title>span标签演示</title>
    <style type="text/css">
            span{ font-size: 30px; font-weight: bold; }
    </style>
</head>
<body>
    <p>本书由浅入深地介绍了<span>HTML、CSS</span>和<span>JavaScript</span>的基础知识和
    代码编写。
    </p>
</body>
</html>
```

上述代码中，使用两个<span>标签选中文字"HTML、CSS"和"JavaScript"，并使用CSS 样式代码将选中的文字设置为粗体并将字号设置为 30 px，使其在视觉上更加醒目。

通过 Chrome 浏览器查看该 HTML 网页，效果如图 4-3 所示。

图 4-3　<span>标签演示

4.2.3　HTML 5 结构标签

HTML 5 新增了一些专门用于表示文档结构的标签，如表 4-2 所示。

表 4-2　HTML 5 结构标签

语义化结构标签	说　　明
<header>…</header>	定义文档或节的头部(页眉)，相当于<div class="header"></div>
<main>…</main>	定义文档的主体部分，相当于<div class="main"></div>
<footer>…</footer>	定义文档或节的底部(页脚)，相当于<div class="footer"></div>
<nav>…</nav>	定义文档内的导航栏，相当于<div class="nav"><ul></ul></div>
<aside>…</aside>	定义文档内的侧边栏，相当于<div class="aside"></div>
<article>…</article>	定义一个独立的文章，相当于<div class="article"></div>
<section>…</section>	定义文档中的节，相当于<div class="section"></div>

这些标签可看作是有含义的<div>，因而又叫作语义标签。使用它们不但可以使页面布局更加语义化，让页面代码更加易读，而且能帮助搜索引擎更快地找到需要的信息。

表中，<section>用于一段有专题性的内容，一般在它里面会带有标题。<section>的典型应用场景是文章的章节、标签对话框中的标签页或者论文中有编号的部分。

<article>是一个特殊的<section>标签，它比<section>具有更明确的语义，代表一个与上下文环境无关的、独立的、完整的内容块。<article>的典型应用场景是帖子、文章或者其他独立的内容区域。

4.3　元　素　类　型

HTML 中的标签元素一般分为三种不同的类型，即块状元素、行内元素以及行内块状元素。

4.3.1　块状元素

块状元素的典型代表是 div，其他常用的块状元素有 table、form、p、h1~h6、hr、

ul、ol、header、main、footer 等。块状元素具有如下特点：

(1) 独占一行，相邻的块状元素会依次垂直向下排列。

(2) 可以设置元素的宽度、高度以及 4 个方向的内、外边距。

(3) 在不设置宽度的情况下，其宽度自动撑满父元素内容的宽度。

(4) 在不设置高度的情况下，其高度是它本身内容的高度。

块状元素可以包含块状元素和行内元素，因此一般用作其他元素的容器(例如 div 就是一种最常见的块状元素)。正因为块状元素具有这些特点，所以在网页设计时通常会使用它们进行大布局(大结构)的搭建。

4.3.2　行内元素

行内元素又称为内联元素。最常使用的行内元素是 span，其他还有 a、strong、em、textarea 等。行内元素具有如下特点：

(1) 不会独占一行，相邻的行内元素会在同一行依次向右排列，直到浏览器的边缘换行为止。

(2) 不可以设置宽度和高度，因为行内元素的宽度和高度由内容自动撑开。

(3) 可以设置 4 个方向的内边距以及左右方向的外边距，但不可以设置上下方向的外边距。

行内元素大多都是基于语义级的基本元素，只能容纳文本或者其他行内元素，常用于控制页面中文本的样式。

4.3.3　行内块状元素

行内块状元素兼具块状元素和行内元素的一些特性，可以将其看作是块状元素和行内元素的结合体。常见的行内块状元素有 img、input、td 等。行内块状元素具有如下特点：

(1) 和相邻行内元素以及行内块状元素在同一行依次向右排列，直到浏览器的边缘换行为止。

(2) 可以设置元素的宽度、高度以及 4 个方向的内、外边距。

【示例 4.3】　演示三种元素类型的显示效果。

创建一个名为 ElemTypeEG.html 的页面，其代码如下：

```
<html>
<head>
    <title>元素类型演示</title>
    <style type="text/css">
        div{
            width: 200px;
            height: 40px;
            border:1px solid blue;
            margin:20px 20px 0px 20px;
```

```
            }
        span{
            width:200px;
            height: 100px;
            border:1px solid red;
            margin-top:20px;
            margin-bottom:20px;
        }
        input{
            width: 200px;
            height: 30px;
        }
    </style>
</head>
<body>
    <div>块状元素1</div>
    <div>块状元素2</div>
    <span>行内元素1</span>
    <span>行内元素2</span>
    <span>行内元素3</span>
    <span>行内元素4行内元素4行内元素4</span>
    <input type="text" value="行内块状元素1">
    <input type="text" value="行内块状元素2行内块状元素2行内块状元素2">
</body>
</html>
```

上述代码中，分别创建了 2 个块状元素、4 个行内元素、2 个行内块状元素。所有的元素都设置了宽、高属性，而块状元素和行内元素还设置了上下边距属性。

通过 Chrome 浏览器查看该 HTML 网页，结果如图 4-4 所示。

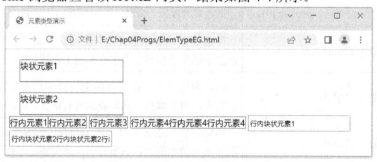

图 4-4　三种元素类型显示效果

从图 4-4 中可以看到，2 个块状元素都独占一行，并在垂直方向上依次排列，其宽、高和上下外边距都有效；4 个行内元素都显示在同一行，其宽、高和上下外边距设置均无效；第一个行内块状元素与 4 个行内元素在同一行，第二个行内块状元素因为遇到了浏览

器窗口的边缘，显示在下一行，且两个行内块状元素的宽、高设置均有效。

4.3.4　display 属性

不同类型的元素可使用 display 属性进行互相转换，修改元素类型的语法如下：

display: none | block | inline | inline-block | inherit;

几个常用的 display 属性值如表 4-3 所示。

表 4-3　display 属性值

属 性 值	说　　明
none	不显示元素
block	设置元素类型为块状元素
inline	设置元素类型为行内元素
inline-block	设置元素类型为行内块状元素
inherit	设置元素类型为父元素的类型

4.4　CSS 定位

CSS 定位技术用来定义元素框在文档流中的位置，其位置可以是相对于其文档流中的正常位置，也可以是相对于父元素、其他元素甚至浏览器窗口本身的位置。

文档流是指按照元素默认的排列方式对网页进行排版和布局的机制，又叫普通流或标准流。它跟现实世界的水流很相似，行内元素默认从左到右流，遇到阻碍或者父元素宽度不够时则自动换行，继续按照从左到右的方式布局。块级元素则单独占据一行，并按照从上到下的方式布局。

常用的 CSS 定位属性如表 4-4 所示。

表 4-4　常用 CSS 定位属性

属性	属 性 值	说　　明
position	static | relative | absolute |fixed	把元素放置到一个默认的 | 相对的 | 绝对的 |固定的位置
top	数值 | 百分比	指定定位元素在垂直方向上与参照元素上边界的偏移，正值表示向下偏移，负值表示向上偏移，0 表示不偏移
right	数值 | 百分比	指定定位元素在水平方向上与参照元素右边界的偏移，正值表示向左偏移，负值表示向右偏移，0 表示不偏移
bottom	数值 | 百分比	指定定位元素在垂直方向上与参照元素下边界的偏移，正值表示向上偏移，负值表示向下偏移，0 表示不偏移
left	数值 | 百分比	指定定位元素在水平方向上与参照元素左边界的偏移，正值表示向右偏移，负值表示向左偏移，0 表示不偏移
z-index	数字(负数、0、正数)	设置元素的堆叠顺序，值大的元素堆叠在值小的元素上面

其中，属性值"数值 | 百分比"中的数值的单位常取 px 或 em，百分比是相对于其父元素的一个百分数值。position 的四个属性值则对应下面 4 种不同类型的定位：

(1) static：默认的属性值，用于实现静态定位，就是按照正常文档流中的方式对元素进行布局，一般不需要设置。

【示例 4.4】 演示静态定位。

创建一个名为 StaticPositionEG.html 的页面，其代码如下：

```
<html>
<head>
  <title>正常文档流演示</title>
  <style type="text/css">
     body{ margin:0px; padding:0px;}
     div{ width: 60px; height: 60px; border:2px solid black;}
     .div1{ top:20px; left:50px; border:2px solid red; }
  </style>
</head>
<body>
  <div>DIV1</div>
  <div class="div1">DIV2</div>
  <div>DIV3</div>
</body>
</html>
```

上述代码中，3 个 div 没有设置 position 值，因此按照默认方式依次垂直排列。

通过 Chrome 浏览器查看该 HTML 网页，效果如图 4-5 所示。

图 4-5　静态定位演示

(2) relative：相对定位。相对定位是指相对于元素在文档流中本来的位置进行定位。设置 left、right、top 和 bottom 的值后，元素会根据原来的位置进行偏移，但不会脱离文档流，所以元素本身所占的位置仍然保留。

【示例 4.5】 演示相对定位。

创建一个名为 RelativePositionEG.html 的页面，其代码如下：

```
<html>
<head>
        <title>相对定位演示</title>
        <style type="text/css">
        body{ margin:0px; padding:0px;}
        div{ width: 60px; height: 60px; border:2px solid black; }
        .div2{ position:relative; top:20px; left:50px; border:2px solid red; }
    </style>
</head>
<body>
        <div name="DIV1">DIV1</div>
        <div class="div2" name="DIV2">DIV2</div>
        <div name="DIV3">DIV3</div>
</body>
</html>
```

上述代码中，块 DIV2 的 CSS 设置了相对定位，并设置 top 为 20 px，left 为 50 px，因而相对于其正常位置向下偏移了 20 px，向右偏移了 50 px。

通过 Chrome 浏览器查看该 HTML 网页，效果如图 4-6 所示。

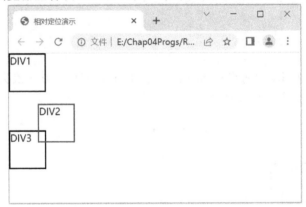

图 4-6　相对定位演示

(3) absolute：绝对定位。绝对定位是指相对于元素的第一个已经定位(不能为 static)的祖先元素进行定位。如果元素没有已经定位的祖先元素，那么它的偏移位置将相对于最外层的包含框。与相对定位不同，绝对定位的元素会脱离文档流，原来所占的空间不保留。

【示例 4.6】　演示相对于 html 元素(浏览器窗口)的绝对定位。

创建一个名为 AbsolutePositionEG1.html 的页面，其代码如下：

```
<html>
<head>
    <title>绝对定位演示</title>
    <style type="text/css">
```

```
     body{ margin:0px; padding:0px;}
     div{ width: 60px; height: 60px; border:2px solid black; }
     .div2{ position:absolute; top:20px; left:50px; border:2px solid red; }
   </style>
</head>
<body>
     <div name="DIV1">DIV1</div>
     <div class="div2" name="DIV2">DIV2</div>
     <div name="DIV3">DIV3</div>
</body>
</html>
```

上述代码中，块 DIV2 的 CSS 设置了绝对定位，并设置 top 为 20 px，left 为 50 px，因而相对于最外层的包含框，html 元素向下偏移了 20 px，向右偏移了 50 px。

通过 Chrome 浏览器查看该 HTML 网页，效果如图 4-7 所示。

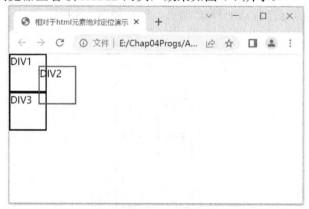

图 4-7　相对于 html 元素的绝对定位演示

【示例 4.7】　演示相对于父窗口的绝对定位。

创建一个名为 AbsolutePositionEG2.html 的页面，其代码如下：

```
<html>
<head>
   <title>相对于父窗口的绝对定位演示</title>
   <style type="text/css">
     body{ margin:0px; padding:10px;}
     .grandfather{width: 135px; height: 220px; border:2px solid blue;margin:0 auto;padding:10px;}
     .father{width: 130px; height: 200px; border:2px solid green;position:relative; top:0px;left:0px;
     text-align: center;}
     div{ width: 60px; height: 60px; border:2px solid black;}
     .div2{position:absolute; top:20px; left:50px; border:2px solid red; text-align: center;}
   </style>
</head>
<body>
```

```
        <div class="grandfather" name="DIV5">
        DIV5
        <div class="father" name="DIV4">
            <div name="DIV1">DIV1</div>
            <div class="div2" name="DIV2">DIV2</div>
            <div name="DIV3">DIV3</div>
             <br>DIV4
        </div>
    </div>
</body>
</html>
```

上述代码中，块 DIV4 的 CSS 设置了相对定位，块 DIV2 的 CSS 设置了绝对定位。因为块 DIV4 是已经设置了非 static 定位的祖先元素中距离块 DIV2 最近的，所以块 DIV2 相对于块 DIV4 向下偏移 20 px，向右偏移 50 px。

通过 Chrome 浏览器查看该 HTML 网页，效果如图 4-8 所示。

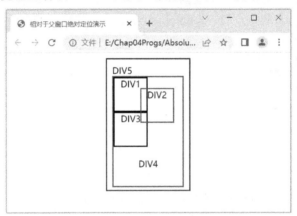

图 4-8　相对于父窗口的绝对定位演示

(4) fixed：固定定位。固定定位是指相对于浏览器窗口偏移某个距离，且固定不动，即不会随着网页滚动条的移动而移动。与绝对定位相似，固定定位的元素会脱离文档流，原来所占的空间不保留。

【示例 4.8】 演示固定定位。

创建一个名为 FixedPositionEG.html 的页面，其代码如下：

```
<html>
<head>
    <title>固定定位演示</title>
    <style type="text/css">
        body{ margin:0px;padding:0px;}
        .div1{ width: 60px; height: 60px; border:2px solid black;position:fixed;top:10px;left:10px}
        .div2{ width: 300px; height:300px; border:2px solid black;margin:10px auto;background-color: gray;}
        .div3{ width: 60px; height: 60px; border:2px solid red;position:fixed;top:0px;right:0px}
```

```
        </style>
</head>
<body>
    <div class="div1">DIV1</div>
    <div class="div2">DIV2</div>
    <div class="div3">DIV3</div>
</body>
</html>
```

上述代码中，对块 DIV1 和块 DIV3 设置了固定定位，因而这两个元素相对于浏览器窗口进行了偏移，其中 DIV1 相对于浏览器窗口的左上顶点向右偏移 10 px，向下偏移 10 px，而 DIV3 与浏览器窗口的右上顶点重合。

通过 Chrome 浏览器查看该 HTML 网页，效果如图 4-9 和图 4-10 所示。可以看到，拖动滚动条后块 DIV1 和块 DIV3 相对于浏览器窗口的位置保持不变。

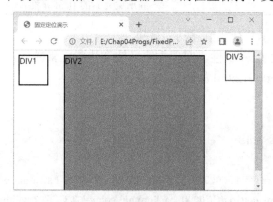

图 4-9　拖动滚动条前的固定定位演示

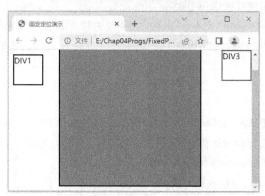

图 4-10　拖动滚动条后的固定定位演示

4.5　CSS 浮 动

浮动(float)是 CSS 样式中的一个重要属性，设置浮动属性后的元素会向左或向右移动，直到它的外边缘碰到包含框或另一个浮动框的边框为止。浮动属性会使元素脱离文档流，导致浮动元素下方的元素上移至浮动元素原来的位置。如果上移元素中包含文字，则这些文字将环绕在浮动元素的周围，实现文字环绕效果。浮动属性还可以用来使纵向排列的块状元素横向排列。

4.5.1 浮动设置

浮动属性的取值情况如表 4-5 所示。

表 4-5   float 属性值

属性值	说 明
none	元素不浮动，按默认位置显示
left	元素浮在父元素的左边
right	元素浮在父元素的右边
inherit	继承父元素的 float 属性

下面通过示例，演示几种元素浮动的效果。

【示例 4.9】 使用 float 属性，实现文字环绕和块状元素横排。

创建一个名为 FloatEG1.html 的页面，其代码如下：

```html
<html>
<head>
    <title>元素浮动演示</title>
    <style type="text/css">
        div{border:2px solid #000000; background-color:#66CCFF;margin-top:10px}
        .left{border:2px dotted #CC0000; background-color:#CCCCCC; width:80px; height:40px;
            float:left; margin-right:10px;}
        .right{border:2px dotted #CC0000; background-color:#CCCCCC; width:80px; height:40px;
            float:right;margin-left:10px;}
    </style>
</head>
<body>
    <div>文档流中的块状元素</div>
    <div class="left">向左浮动的块状元素</div>
    <div class="right">向右浮动的块状元素</div>
    <div class="right">向右浮动的块状元素</div>
    <p>浮动元素下方段落中的文字：轻轻地我走了，正如我轻轻地来；我轻轻地招手，作别西天的云
彩。那河畔的金柳，是夕阳中的新娘；波光里的艳影，在我的心头荡漾。</p>
</body>
</html>
```

上述代码中，第一个 div 块按默认方式排列，独占一行，且宽度自动充满浏览器窗口；第二个 div 块设置为向左浮动；第三个和第四个 div 块在 CSS 代码中设置为向右浮动后，在同一行向右横向排列，其宽度均由内容决定。而原本处于三个浮动 div 块下方的段

落元素 p 上移，其中的文字环绕在三个浮动 div 块的周围。

通过 Chrome 浏览器查看该 HTML 网页，结果如图 4-11 所示。

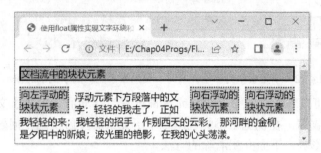

图 4-11 文字环绕和块状元素横排演示

从图 4-11 中可以看到，段落元素 p 上移导致网页布局混乱，而要解决这个问题，就需要清除浮动元素对段落元素的影响。

使用浮动的另一个副作用是：当一个元素的所有子元素都设置为浮动时，由于浮动元素脱离了文档流，因此父元素所占空间收缩，则父元素在视觉上不能包围子元素，下面通过示例来演示这种情况。

【示例 4.10】 演示子元素全部浮动时，父元素不能包围子元素的情况。

创建一个名为 FloatEG2.html 的页面，其代码如下：

```
<html>
<head>
    <title>子元素全为浮动元素时，父元素不能包围子元素演示</title>
    <style type="text/css">
        div{border:2px solid #000000; background-color:#66CCFF;margin:10px}
        .left{border:2px dotted #CC0000; background-color:#CCCCCC; width:100px; height:20px;
            float:left;margin:30px 5px;}
        .right{border:2px dotted #CC0000; background-color:#CCCCCC; width:100px; height:20px;
            float:right;margin-top:30px;margin:30px 5px;}
    </style>
</head>
<body>
    <div>
        父级块状元素
        <div class="left">子块状元素 1</div>
        <div class="right">子块状元素 2</div>
        <div class="right">子块状元素 3</div>
    </div>
</body>
</html>
```

上述代码中，三个子级 div 均设置了向左或向右浮动。

通过 Chrome 浏览器查看该 HTML 网页，效果如图 4-12 所示。

图 4-12　子元素全为浮动元素时，父元素不能包围子元素的演示

从图 4-12 中可以看到：三个子块状元素都设置为浮动后，脱离了文档流，导致父级块状元素所占空间收缩，在视觉上不能包围三个子元素。要解决这个问题，也需要清除浮动元素对父元素的影响，下面介绍清除的方法。

4.5.2　浮动清除

浮动清除是指给被浮动影响的元素设置 clear 属性，从而指定其左侧或者右侧不允许存在浮动元素。clear 属性的取值情况如表 4-6 所示。

表 4-6　clear 属性值

属性值	说　明
none	默认值，按默认位置显示
left	在元素的左侧不允许出现浮动元素
right	在元素的右侧不允许出现浮动元素
both	在元素的左右两侧均不允许出现浮动元素
inherit	继承父元素的 clear 属性

例如，在示例 4.9 的 CSS 代码中，增加对元素 p 的样式设置，具体如下：

```
p{ clear:both}
```

修改后的示例 4.9 代码在 Chrome 浏览器中的运行效果如图 4-13 所示。可以看到，对元素 p 设置了 clear:both 后，其左右两侧均不允许出现浮动元素，因此元素 p 回归到了页面的最下端。

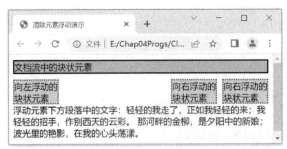

图 4-13　清除元素浮动演示

而要想解决示例 4.10 中父元素在视觉上不能包围浮动子元素的问题，也需要在父元素中的某个地方应用 clear 属性，以达到撑开父元素空间的目的。但示例 4.10 中除了三个浮动 div，父元素中并没有别的元素可以应用 clear 属性，所以只能在父元素中添加一个空

元素，比如一个 div，作为最后一个子元素，并设置其 **clear** 属性值为 both，代码如下：

```
<div style="clear:both;height:0px;border:none"></div>
```

修改后的示例 4.10 代码在 Chrome 浏览器中的运行效果如图 4-14 所示。可以看到，添加空元素并清除其两侧的浮动元素后，解决了父元素在视觉上不能包围浮动子元素的问题。

图 4-14　在子元素后面添加元素以解决父元素不能包围子元素问题的演示

另外，通过父元素的 after 伪元素也可以解决这个问题，而且不需要添加新元素。

【示例 4.11】 通过父元素的 after 伪元素清除浮动，解决父元素不能包围子元素的问题。

创建一个名为 ClearEG2.html 的页面，其代码如下：

```html
<html>
<head>
        <title>通过父元素的 after 伪元素清除浮动来解决父元素不能包围子元素的问题</title>
        <style type="text/css">
                div{border:2px solid #000000; background-color:#66CCFF;margin:10px}
                .left{border:2px dotted #CC0000; background-color:#CCCCCC; width:100px; height:20px;
                        float:left;margin:30px 10px;}
                .right{border:2px dotted #CC0000; background-color:#CCCCCC; width:100px; height:20px;
                        float:right;margin:30px 10px}
                .clear::after{content:"";display:block;clear:both;}
        </style>
</head>
<body>
        <div class="clear">
                父级块状元素
        <div class="left">子块状元素 1</div>
                <div class="right">子块状元素 2</div>
                <div class="right">子块状元素 3</div>
        </div>
</body>
</html>
```

上述代码中，clear::after 表示在父元素的最后面加入内容，content:""表示在父元素结尾处添加的内容为空，display:block 设置在父元素结尾处添加的内容为块状元素，

clear:both 表示清除添加内容左右两侧的浮动元素。

clear::after 伪元素样式相当于在浮动元素后面添加了一个空 div，并通过设定 clear:both 来清除浮动，从而实现父元素对浮动元素的包围。示例 4.11 与示例 4.10 添加了空 div 之后的运行效果完全相同。

4.6 DIV+CSS 布局

所谓页面布局，就是将网页中的各个板块有效组织并放置在合适的位置。网页设计既是一门技术也是一门艺术，当网页展现在浏览者面前时，既要考虑浏览者获取的信息，也要考虑浏览者阅读信息时的心情和感受。网页中的信息包括文字、图片和动画等诸多元素，因此在页面布局方面必须要综合考虑，以达到良好的预期效果。

页面布局方式有表格布局、框架布局和 DIV+CSS 布局三种。其中，表格布局和框架布局是传统布局方式，已被逐渐摒弃；DIV+CSS 布局则是目前最常用且最流行的方式。

使用 DIV+CSS 布局，结构比外观更重要，一个结构良好的 HTML 页面可以通过 CSS 以任意外观表现出来。引入 CSS 布局的目的，就是为了实现真正意义上的结构和外观的分离，这也是 DIV+CSS 布局最大的特色。因此，使用 DIV+CSS 对页面进行布局，可以先不考虑外观，而是首先将页面内容的结构确定下来。

 网页设计中的所谓结构，是指将所要设计网页中的内容分成块，明确每块内容服务的目的，根据目的建立起相应的 HTML 结构。

一个完整的网页通常包含以下几个部分：页眉、导航栏、主体内容区和页脚，如图 4-15 所示。页眉位于整个网页的顶部，一般用于设置网页的标题或者网页的 logo；导航栏包含了一些链接，可以引导用户浏览其他页面；主体内容区域用来显示网页的主要内容；页脚在网页的最下方，一般包含版权信息和联系方式等。

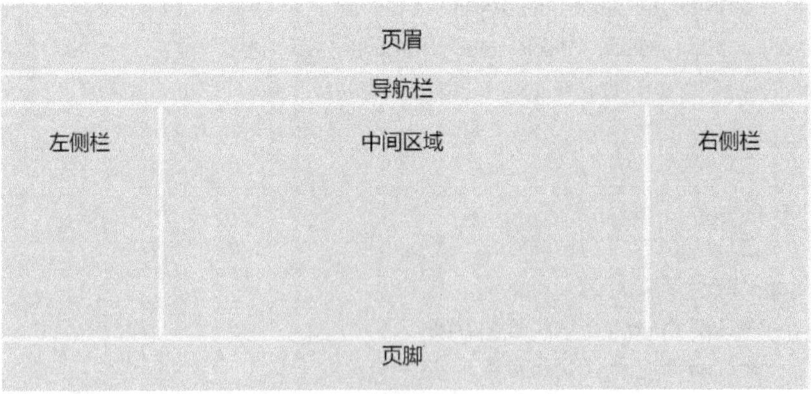

页眉		
导航栏		
左侧栏	中间区域	右侧栏
页脚		

图 4-15 一种常用的网页布局

当然，并非所有网页都是这样，比如有些网页没有导航栏，而有些网页除了这几部分还会有图标(icon)等区域。主体内容区的结构划分更是多种多样，比如仅纵向上就可以划分为一栏、两栏和三栏等多种形式。

图 4-15 中主体内容区采用了三栏结构，这是一种常用的网页布局，其页面结构代码和 CSS 代码如下：

页面结构代码：

```
<body>
    <div>
        <header class="common row"><p>页眉</p></header>
        <nav class="common row">导航栏</nav>
        <main class="common row" id="special">
            <aside class="common column"><p>左侧栏</p></aside>
            <section class="common column"><p>中间区域</p></section>
            <aside class="common column"><p>右侧栏</p></aside>
        </main>
        <footer class="common row">页脚</footer>
    </div>
</body>
```

CSS 代码：

```
* {
    box-sizing: border-box;    /*用于设置盒子的宽度值和高度值，包含元素的内边距和边框*/
}
div{
    width:50%;        /*设置宽度占浏览器窗口宽度的 50%*/
    height:50%;       /*设置高度占浏览器窗口宽度的 50%*/
    margin: 0 auto;   /*水平居中设置*/
}
header { height: 18%; }
nav { height: 8%; }
main { height: 60%; }
footer { height:14%;}
aside{
    width: 20%;       /*设置宽度为父元素宽度的 20%*/
}
section{
    width: 60%;       /*设置宽度为父元素宽度的 60%*/
}
.common {
    background-color: rgb(222, 220, 220);
    border: 2px solid #f1f1f1;
    text-align: center;
}
.row{
```

```
    width:100%;      /*设置宽度为父元素宽度的 100%*/
}
.column{
    float: left;      /*设置向左浮动*/
    height:100%;      /*设置高度为父元素高度的 100%*/
}
#special {        /*用于设置 main 边框为 0px*/
    border:none;
}
main:after {      /*用于解决 main 在视觉上不能包围内部三个竖栏的问题*/
    content: "";
    display: block;
    clear: both;
}
```

上述代码中，使用<div>标签和 HTML 5 的结构标签来定义文档结构，使用 CSS 样式选择器、伪元素以及浮动来定义文档中各个分块的外观样式和位置。

其中，div 是包含整个页面的最外层容器，这里使用<div>标签选择器将其宽、高设置为浏览器窗口的 50%，在进行实际页面设计时，将其调整为 100%即可。

div 的四个子元素 header、nav、main 和 footer 的高度由各自的标签选择器设置，宽度由 .row 设置，边框样式、背景颜色和文字样式由 .common 设置。其中 main 的边框样式由#special 覆盖，因为对于同一个属性的设置，ID 选择器的优先级高于类选择器。

main 的三个子元素——2 个 aside 和 1 个 section 的宽度由各自的标签选择器设置，高度和浮动方式由.column 设置。.column 设置 main 的三个子元素均向左浮动，这会导致 main 空间收缩，因此在伪元素 main:after 中，使用 clear:both 清除伪元素 after 左右两侧的浮动，撑开 main 空间，从而实现 main 在视觉上包围三个子元素的效果。

从图 4-15 所示页面的结构代码中可以看出，页面结构代码和 CSS 样式代码可以分开编写，实现了页面外观和内容的完全分离，既便于美工和开发人员分工，也便于维护。当需要改变外观时，只需要修改 CSS 样式代码即可，不需要在每个 HTML 标签中进行重复修改。CSS 样式可以重复使用，从而大大缩减页面代码，提高页面浏览速度。此外，使用 DIV+CSS 布局的网页结构清晰，也更有利于搜索引擎搜索；缺点则是过于灵活，比较难以控制。因此 DIV+CSS 布局更适合应用于复杂的不规则页面，以及业务种类较多的大型商业网站。

本 章 小 结

通过本章的学习，读者应当了解：

❖ DIV 元素是用来为 HTML 文档内的内容提供结构和背景的元素。

❖ <div>标签可用于定义 HTML 文档中的分区或节，将 HTML 文档划分为独立的、不同的部分。

✧ HTML 5 新增的结构标签可以使页面布局更加语义化。

✧ HTML 中的标签元素有三种类型：块状元素、行内元素、行内块状元素。

✧ CSS 定位用于定义元素框的位置，常用的定位方式有四种：static、relative、absolute 和 fixed。

✧ CSS 浮动技术可以用来实现文字环绕效果和块状元素横排。

✧ 用 DIV+CSS 布局时，结构比外观更重要，一个结构良好的 HTML 页面可以通过 CSS 以任何外观表现出来。

✧ DIV+CSS 布局的优点是网页代码精简，页面下载速度提高，表现和内容相分离；缺点则是过于灵活，比较难以控制。

本 章 练 习

1．下列关于 DIV+CSS 布局优势，说法错误的是_____。

A．页面下载速度慢

B．页面修改和维护更简单方便

C．搜索引擎更加优化

D．完美地实现了结构层同表现层的分离

2．下列代码的运行结果是_____。

```
<style>
html{color:white;font-size:20pt;}
.header {background-color:red}
.main {background-color:green}
.left {background-color:orange;display:inline;width:50%}
.right {background-color:green;display:inline}
.footer {background-color:blue}
</style>
<div class="header">HEADER</div>
<div class="main">
        <div class="left">LEFT</div>
        <div class="right">RIGHT</div>
</div>
<div class="footer">FOOTER</div>
```

A.  B.

C.    D. HEADER LEFT RIGHT FOOTER

3. 常用的页面布局技术有_____、_____和_____。

4. 简述常见的网页布局版式包含哪些部分，如何划分页面结构。

5. 简述 DIV+CSS 布局的优缺点。

6. 通过 DIV+CSS 布局模拟实现百度首页(http://www.baidu.com/)的设计。

第 5 章 JavaScript 基础

📖 本章目标

- 了解 JavaScript 的历史及特点
- 掌握 JavaScript 常用的数据类型
- 掌握 JavaScript 变量的定义
- 掌握 JavaScript 中的操作符及表达式
- 掌握 JavaScript 中的分支、迭代结构
- 掌握 JavaScript 中内置函数的使用
- 掌握 JavaScript 的函数定义及使用

5.1 JavaScript 简介

JavaScript 是 Sun MicroSystems 和 NetScape 共同开发的一种重要的脚本语言，用于创建具有动态效果的、人机交互的网页。对于网页开发人员而言，JavaScript 有助于构建与用户交互的 HTML 应用。

JavaScript 可以嵌入到 HTML 文档中，当页面显示在浏览器中时，浏览器会解释并执行 JavaScript 语句，从而控制页面的内容和验证用户输入的数据。

JavaScript 的功能十分强大，可以实现多种功能，如数学计算、表单验证、动态特效、游戏编程等，这些功能都有助于增强站点的动态交互性。

5.1.1 JavaScript 语言特点

JavaScript 是一种基于对象(Object)和事件驱动(Event Driven)的脚本语言，主要具有以下特点：

(1) 嵌套在 HTML 中。JavaScript 最显著的特点便是和 HTML 的紧密结合。JavaScript 总是和 HTML 一起使用，其大部分对象都与相应的 HTML 标签对应。当用浏览器打开 HTML 文档后，JavaScript 程序才会被执行。JavaScript 扩展了标准的 HTML，为 HTML 标签增加了事件，通过事件驱动来执行 JavaScript 代码。

(2) 环境支持。JavaScript 在运行过程中需要浏览器(如 IE、Chrome)环境的支持。如果使用的浏览器不支持 JavaScript 语言，那么浏览器在运行时将忽略 JavaScript 代码。

(3) 解释执行。JavaScript 是一种解释型脚本语言，无须经过专门编译器的编译，而是在嵌入脚本的 HTML 文档载入时被浏览器逐行地解释执行。

(4) 弱类型语言。与 C++ 和 Java 等强类型语言不同，在 JavaScript 中不需指定变量的类型，这个特点将在 5.2.3 小节中具体介绍。

(5) 基于对象。JavaScript 是基于对象的脚本编程语言，提供了很多内建对象，也允许定义新的对象，还提供对 DOM(文档对象模型)的支持。

(6) 事件驱动。HTML 文档中的许多 JavaScript 代码都是通过事件驱动的，HTML 中控件(如文本框、按钮)的相关事件触发时可以自动执行 JavaScript 代码。

(7) 跨平台性。JavaScript 是依赖于浏览器而运行的，与具体的操作系统无关。只要计算机中装有支持 JavaScript 的浏览器，其运行结果就能正确地反映在浏览器上。

5.1.2 JavaScript 基本结构

JavaScript 代码是通过<script>标签嵌入 HTML 文档中的，可以将多个<script>脚本嵌入到一个文档中。浏览器在遇到<script>标签时，将逐行读取内容，直到遇到</script>结束标签为止。浏览器边解释边执行 JavaScript 语句，如果有错误，就会在警告框中显示。

JavaScript 脚本的基本结构如下：

```
<script language="javascript">
```

```
        JavaScript 语句
</script>
```

其中，language 属性用于指定脚本所使用的语言，通过该属性还可以指定脚本语言的版本。

JavaScript 的编写步骤如下：

(1) 使用任何编辑器(如 VS Code 或记事本)创建 HTML 文档。

(2) 在 HTML 文档中通过<script>标签嵌入 JavaScript 代码。

(3) 将 HTML 文档保存为扩展名是 .html 或 .htm 的文件，然后通过浏览器查看该网页就可以看到 JavaScript 的运行效果。

【示例 5.1】 通过<script>标签在网页中嵌入 JavaScript 代码，并输出"这是第一个 JavaScript 示例，通过 SCRIPT 标签输出页面信息！"。

创建一个名为 FirstJSEG.html 的页面，其代码如下：

```
<html>
<head>
    <title>第一个 JavaScript</title>
    <script language="javascript">
            document.write("这是第一个 JavaScript 示例，通过 SCRIPT 标签输出页面信息！");
    </script>
</head>
<body></body>
</html>
```

上述代码中，通过<script>标签在网页中嵌入 JavaScript 代码，并通过 document.write()方法输出相应内容。

通过 Chrome 浏览器查看该 HTML 网页，效果如图 5-1 所示。

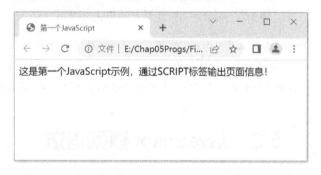

图 5-1　通过<script>标签嵌入 JavaScript 代码演示

document 对象的 write()方法的主要功能是在网页上输出内容，关于 document 对象将在第 6 章中讲解，此处不做详述。

此外，当 JavaScript 脚本比较复杂或代码过多时，可将 JavaScript 代码保存为以.js 为后缀的文件，并通过<script>标签把这个文件导入到 HTML 文档中。其语法格式如下：

```
<script type="text/javascript" src="url"></script>
```

其中：

♦   type：表示引用文件的内容类型。

♦   src：指定引用的 JavaScript 文件的 URL，可以是相对路径或绝对路径。

【示例 5.2】 通过<script>标签引用 FirstJS.js 文件，并输出相应内容。

创建一个名为 FirstImportJSEG.html 的页面，其代码如下：

```html
<html>
<head>
    <title>第一个 JavaScript</title>
    <script type="text/javascript" src="FirstJS.js"></script>
</head>
<body>
</body>
</html>
```

而对应的 FirstJS.js 文件代码如下：

```javascript
document.write("这是第一个 JavaScript 示例，通过导入 JS 外部文件！");
```

通过 Chrome 浏览器查看该 HTML 网页，效果如图 5-2 所示。

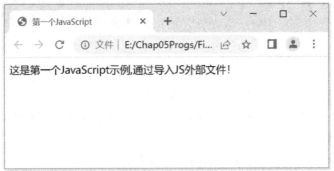

图 5-2　通过<script>标签引用 JS 文件演示

 使用外部 JS 文件的主要优点是便于代码重用，可以将一些通用的 JS 函数在多个 HTML 文档之间实现共享，在减少代码冗余的同时也便于修改，一旦 JS 代码出错只需修改源文件即可，不需在每个 HTML 文档中进行重复修改。注意在引用外部 JS 文件时，</script>结束标签不能省略。

5.2　JavaScript 基础语法

JavaScript 语言同其他编程语言一样，有其自身的数据类型、表达式、运算符及基本语句结构。JavaScript 在很大程度上借鉴了 Java 的语法，其语法结构与 Java 相似，对于学习过 Java 的编程人员而言，学好 JavaScript 不是一件困难的事。

5.2.1　数据类型

JavaScript 中的数据类型如表 5-1 所示。

表 5-1　JavaScript 的数据类型

数据类型	说　明
数值型	JavaScript 语言本身并不区分整型和浮点型数值，所有的数值在内部都由浮点型表示
字符串类型	使用单引号或双引号括起来的 0 个或多个字符
布尔型	布尔型常量只有两种值，即 true 或 false
函数	JavaScript 函数是一种特殊的对象数据类型，因此函数可以被存储在变量、数组或对象中。此外，函数还可以作为参数传递给其他函数
对象型	已命名数据的集合，这些已命名的数据通常被作为对象的属性引用。常用的对象有 String、Date、Math、Array 等
null	JavaScript 中的一个特殊值，它表示"无值"，而不是 0
undefined	表示该变量尚未被声明或未被赋值，或者使用了一个并不存在的对象属性

与大多数编程语言相比，JavaScript 的数据类型较少，但足够处理绝大部分复杂的应用。此外，由于 JavaScript 采用弱类型的形式，因而一个数据的常量或变量可不用先做声明，而是在使用或赋值时确定其数据类型即可。

5.2.2　常量

常量是指在程序中值不能改变的数据。常量可根据 JavaScript 的数据类型分为数值型、字符串型、布尔型三类：

(1) 数值型常量。数值型常量包括整型常量和浮点型常量。整型常量是由整数表示，如 100、–100，也可以用十六进制、八进制表示，如 0xABC、0567。浮点型常量由整数部分加小数部分表示，如 12.24、–3.141。

(2) 字符串型常量。字符串型常量是使用双引号(" ")或单引号(' ')括起来的一个字符或字符串，如"JavaScript"、"100"、'JavaScript'。

(3) 布尔型常量。布尔型常量只有 true(真)或 false(假)两种值，一般用于程序中的判断条件。

5.2.3　变量

变量是指程序中一个已经命名的存储单元，主要作用是为数据操作提供存放数据的容器。

1. 变量的命名规则

在 JavaScript 中变量的命名需遵循以下规则：

(1) 变量名必须以字母或下画线开头，其后可以跟数字、字母或下画线等。

(2) 变量名不能包含空格、加号、减号等特殊符号。

(3) JavaScript 的变量名严格区分大小写。

(4) 变量名不能使用 JavaScript 中的保留关键字。

JavaScript 保留关键字如表 5-2 所示。

表 5-2 JavaScript 保留关键字

break	do	if	switch	typeof	case
else	in	this	var	catch	false
instanceof	throw	void	continue	finally	new
true	while	default	for	null	try
with	delete	function	return		

在命名变量时，为了使代码更加规范，最好使用有意义的变量名称，以增加程序的可读性，减少错误的发生。

2. 变量的声明

变量用关键字 var 进行声明，其语法格式如下：

```
var 变量 1[,变量 2,...];
```

变量的声明操作示例如下：

```
var v1,v2;
```

在声明变量的同时，可以为变量赋初始值。例如：

```
var v1 = 2;
```

在 JavaScript 中，可以使用分号代表一个语句的结束。如果每个语句都在不同的行中，那么分号可以省略；如果多个语句在同一行中，那么分号就不能省略。

3. 变量的类型

JavaScript 是一种弱类型的语言，变量的类型不像其他语言一样在声明时直接指定，对于同一变量可以赋不同类型的值。例如：

```
<script language="javascript">
    var x = 100;
    x = "javascript";
</script>
```

上述代码中，在声明变量 x 的同时为其赋予了初始值 100，此时 x 的类型为数值型；而后面的代码又给变量 x 赋了一个字符串类型的值，此时 x 又变成了字符串类型的变量。这种赋值方式在 JavaScript 中是允许的。

4. 变量的作用域

变量的作用域是指变量的有效范围。JavaScript 中的变量根据变量的作用域可以分为全局变量和局部变量两种：

(1) 全局变量。在函数之外声明的变量叫作全局变量，示例代码如下：

```
<script>
    var x = 5//定义全局变量
    function myFunction()
```

```
    {
        //函数体
    }
</script>
```

全局变量的作用域是该变量定义后的所有语句，可以在其后定义的函数、代码或同一文档中其他<script>脚本的代码中使用。

(2) 局部变量。在函数体内声明的变量叫作局部变量，示例代码如下：

```
<script>
    function myFunction()
    {
        var x = 5//定义局部变量
        ......
    }
</script>
```

局部变量的作用域只限于函数内部，即只对其所在的函数体有效。

【示例 5.3】 演示全局变量和局部变量的作用域范围。

创建一个名为 VariableEG.html 的页面，其代码如下：

```
<html>
<head>
    <title>全局变量和局部变量</title>
    <script type="text/javascript">
        var x = 2;//声明一个全局变量
        function OutPutLocaVar() {
            var x = 3;//声明一个与全局变量名称相同的局部变量
            document.write("局部变量： " + x);//输出局部变量
        }
        function OutPutGloVar() {
            document.write("全局变量： " + x);//输出全局变量
        }
    </script>
</head>
<body>
    <script type="text/javascript">
        //调用函数
        OutPutGloVar();
        document.write("<br>");
        OutPutLocaVar();
    </script>
</body>
</html>
```

上述代码中，声明了名为"x"的全局变量和局部变量，并分别通过函数输出。

通过 Chrome 浏览器查看该 HTML，结果如图 5-3 所示。

图 5-3　全局变量和局部变量演示

通过运行结果可以看出，如果函数中定义了与全局变量同名的局部变量，则在此函数中全局变量被局部变量覆盖，不再起作用。

 此示例只是为了演示变量的作用域，在实际编码中，尽量不要声明与全局变量重名的局部变量，这可能造成一些不易发现的错误。

5.2.4　注　释

在 JavaScript 中有单行注释和多行注释两种注释方法。

1. 单行注释

单行注释使用"//"进行标识，其后的文字都不被程序解释执行，语法格式如下：

```
//这是单行程序代码的注释
```

2. 多行注释

多行注释使用"/*...*/"进行标识，其中的文字同样不被程序解释执行，语法格式如下：

```
/*
这是多行程序注释
*/
```

 多行注释中可以嵌套单行注释，但不能嵌套多行注释，JavaScript 还能识别 HTML 注释的开始部分"<!--"，JavaScript 会将其视为单行注释，同使用"//"效果一样，但是不能识别 HTML 注释的结束部分"-->"。

5.2.5　运 算 符

JavaScript 中的运算符主要分为算术运算符、比较运算符和逻辑运算符三类。这些运算符的用法和 Java 语言中的运算符类似。

1. 算术运算符

算术运算符是用于完成加法、减法、乘法、除法、递增、递减等运算的运算符。JavaScript 中的算术运算符如表 5-3 所示。

表 5-3　算术运算符

运算符	说　　明
+	用于两个数相加
-	用于两个数相减
*	用于两个数相乘
/	用于两个数相除
%	除法运算中的取余数
++	递增值(即给原来的值加 1)
--	递减值(即给原来的值减 1)

【示例 5.4】　演示算术运算符的用法。

创建一个名为 MathEG.html 的页面,其代码如下:

```html
<html>
    <head>
            <title> 算术运算符 </title>
    </head>
<body>
<script language="javascript">
    var x = (2+6-5)*10;
    document.write("算术运算符的运算结果为: "+x);
</script>
</body>
</html>
```

通过 Chrome 浏览器查看该 HTML 网页,结果如图 5-4 所示。

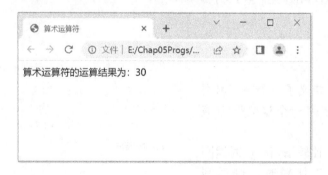

图 5-4　算术运算符示例

2. 比较运算符

比较运算符用于比较数值、字符串或逻辑变量等,并将比较结果以逻辑值(true 或 false)的形式返回,如表 5-4 所示。

表 5-4　比较运算符

运算符	说　　明
==	比较两边的值是否相等
!=	比较两边的值是否不相等
>	比较左边的值是否大于右边的值
<	比较左边的值是否小于右边的值
>=	比较左边的值是否大于等于右边的值
<=	比较左边的值是否小于等于右边的值
===	比较两边的值是否严格相等
!==	比较两边的值是否严格不相等

其中，"=="和"==="的主要区别是："=="运算符是在类型转换后执行，而"==="是在类型转换前比较。

【示例 5.5】　演示比较运算符"=="和"==="的区别。

创建一个名为 CompareEG.html 的页面，其代码如下：

```
......
<script type="text/javascript">
        var x = '3';
        var y = 3;
        if(x == y)
        {
                document.write("等于比较运算符");
        }
        if(x === y)
        {
                document.write("绝对等于比较运算符");
        }
</script>
......
```

上述代码中，定义了一个字符串类型的变量 x(值为'3')和一个整型变量(值为 3)；

当使用"=="比较 x 和 y 时返回 true，而用"==="比较时，则返回 false，这是因为 x 和 y 的类型不同，因此不严格相等。

通过 Chrome 浏览器查看该 HTML 网页，结果如图 5-5 所示。

图 5-5　比较运算符示例

3. 逻辑运算符

逻辑运算符主要用于条件表达式中，采用逻辑值作为操作数，其返回值也是逻辑值，如表 5-5 所示。

表 5-5 逻辑运算符

运算符	说 明
&&	逻辑与，当左右两边的操作数都为 true 时，返回 true，否则返回 false
||	逻辑或，当左右两边的操作数都为 false 时，返回 false，否则返回 true
!	逻辑非，当操作数为 true 时返回 false，反之返回 true
?:	三元运算符：操作数?结果 1:结果 2，若操作数为 true 则返回结果 1，反之返回结果 2

【示例 5.6】 演示逻辑运算符的使用。

创建一个名为 LogicEG.html 的页面，其代码如下：

```
<script type="text/javascript">
     var x ='3';
     var y = 3;
     if(x == '3' && y==3)
     {
             document.write("逻辑运算符与");
     }
</script>
```

上述代码演示了逻辑运算符"&&"的用法，因为左右两个操作数返回值都是 true，所以会执行 if 语句中的代码。

通过 Chrome 浏览器查看该 HTML 网页，结果如图 5-6 所示。

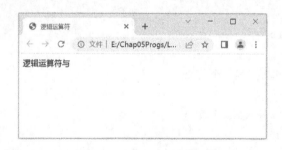

图 5-6 逻辑运算符示例

5.2.6 流程控制

JavaScript 程序通过控制语句来执行程序流，从而完成一定的任务。程序流是由若干条语句组成的，语句可以是一条语句，如 c=a+b，也可以是用大括号{}括起来的一个复合语句(程序块)。JavaScript 中的控制语句有以下几类：

(1) 分支结构：if-else、switch；

(2) 迭代结构：while、do-while、for、for-in；

(3) 转移语句：break、continue、return。

1. 分支结构

分支结构是根据假设的条件成立与否，再决定执行什么样语句的结构，它的作用是让程序更具有选择性。JavaScript 中通常将假设条件以布尔表达式的方式实现，提供的分支结构有 if-else 语句和 switch 语句：

(1) if-else 语句。if-else 语句是最常用的分支结构，其语法结构如下：

```
if(condition)
statement1;
[else statement2;]
```

其中：

- condition 可以是任意表达式。
- statement1 和 statement2 都表示语句块。当 condition 满足条件时，执行 if 语句块的 statement1 部分；当 condition 不满足条件时，执行 else 语句块的 statement2 部分。

注 意　若 condition 的值设置为 0、null、""、false、undefined 或 NaN，则不执行 if 语句块；若 condition 值为 true、非空字符串(即使该字符串为"false")、非 null 对象等则执行该 if 语句块。

【示例 5.7】 任意输入两个整数，分别输出最大值和最小值。

创建一个名为 MaxEG.html 的页面，其代码如下：

```
<html>
<head>
    <title> if-else 分支 </title>
</head>
<body>
<script language="javascript">
    //第一个数
    var oper1 = prompt('请输入第一个数','');
    //第二个数
    var oper2 = prompt('请输入第二个数','');
    var maxNum = oper1;
    var minNum = oper2;
    if(oper2 > oper1){
            maxNum = oper2;
            minNum = oper1;
    }
    document.write('最大值为:'+maxNum);
    document.write('<br/>')
    document.write('最小值为:'+minNum);
</script>
```

```
</body>
</html>
```

上述代码中，利用 prompt()函数手动输入两个数，例如分别输入 6 和 3，然后比较两个数的大小，比较的结果最终由 document.write()输出到页面上。

通过 Chrome 浏览器查看该 HTML 网页，结果如图 5-7 所示。

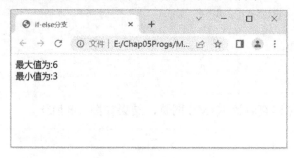

图 5-7　比较两个数示例

分支判断逻辑有时比较复杂，在一个布尔表达式中不能完全表示，这时可以采用嵌套分支语句实现。嵌套 if 的语法结构为：

```
if (condition) {
statement1;
} else if (condition) {
statement2;
} else if(condition) {
statement3;
......
} else {
statement;
}
```

【示例 5.8】　已知闰年的计算方法是：公元纪年的年数可以被四整除，即为闰年；能被 100 整除而不能被 400 整除的为平年；能被 100 整除也可被 400 整除的为闰年。如 2000 年是闰年，而 1900 年是平年。请在页面中输入一个年份，由程序判断该年是否为闰年。

创建一个名为 YearEG.html 的页面，其代码如下：

```
<html>
<head>
    <title> if-else-if 分支 </title>
</head>
<body>
<script language="javascript">
    //手动输入一年份，判断是否是闰年
    var year = prompt('请输入年份','');
    if (year % 100 == 0) {
        if (year % 400 == 0) {
```

```
                document.write(year+"是闰年");
            }
    } else if (year % 4 == 0) {
            document.write(year+"是闰年");
    } else {
            document.write(year+"不是闰年");
    }
</script>
</body>
</html>
```

通过 Chrome 浏览器查看该 HTML 网页，结果如图 5-8 所示。

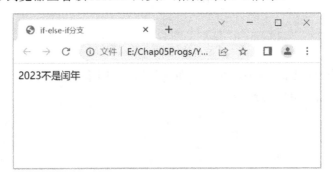

图 5-8　判断闰年示例

（2）switch 语句。一个 switch 语句由一个控制表达式和一个由 case 标记表述的语句块组成，其语法结构如下：

```
switch (expression) {
case value1 :
        statement1;
        break;
case value2 :
        statement2;
        break;
......
case valueN :
        statemendN;
        break;
[default : defaultStatement; ]
}
```

其中：

◆ switch 语句把表达式返回的值依次与每个 case 子句中的值进行比较。如果遇到匹配的值，则执行该 case 后面的语句块。

◆ 表达式 expression 的返回值类型可以是字符串、整型、对象类型等任意类型。

◇ case 子句中的值 valueN 可以是任意类型(例如字符串)，而且所有 case 子句中的值应是不同的。

◇ default 子句是可选的。

◇ break 语句用来在执行完一个 case 分支后使程序跳出 switch 语句，即终止 switch 语句的执行，而在一些特殊情况下，多个不同的 case 值要执行一组相同的操作，这时可以不用 break。

【示例 5.9】 演示 switch 语句的用法。

创建一个名为 SwitchCaseEG.html 的页面，其代码如下：

```html
<html>
<head>
    <title>JavaScript 的 SwitchCase 语句</title>
</head>
<body >
<script type="text/javascript">
        document.write("a.青岛<br>");
        document.write("b.曲阜<br>");
        document.write("c.日照<br>");
        document.write("d.城阳<br>");
        document.write("e.济宁<br>");
        setTimeout(() => {
        var city = prompt("请选择您学校所在的城市或地区(a、b、c、d、e):","");
        switch(city)
        {
            case "a":
                alert("您学校所在的城市或地区是青岛");
                break;
            case "b":
                alert("您学校所在的城市或地区是曲阜");
                break;
            case "c":
                alert("您学校所在的城市或地区是日照");
                break;
            case "d":
                alert("您学校所在的城市或地区是城阳");
                break;
            case "e":
                alert("您学校所在的城市或地区是济宁");
                break;
            default:
                alert("您选择的城市或地区超出了范围。");
```

```
            break;
      }
  }, 10);
</script>
</body>
<html>
```

上述代码中，当用户输入不同的字符串时，程序会与 case 值相比较，然后用 alert()函数弹出对应的字符串。

通过 Chrome 浏览器查看该 HTML 网页，结果如图 5-9 所示。

图 5-9   switch 语句示例

注意   JavaScript 引擎是单线程运行的。同一时刻，JavaScript 代码执行和页面渲染二者只能有一个在进行。弹出框 alert、confirm 和 prompt 不需要浏览器渲染，而 document.write()则需要浏览器渲染。示例 5-9 中，使用 setTimeout()将 prompt()延迟到 document.write()渲染后执行，使得"a.青岛"等城市名称先于弹出框 prompt 在页面上出现。关于 setTimeout()的详细介绍参见第 7 章。

2．迭代结构

迭代结构的作用是反复执行一段代码，直到不满足循环条件为止。JavaScript 语言中提供的迭代结构有 while 语句、do-while 语句、for 语句和 for-in 语句。

（1）while 语句。while 语句是常用的迭代语句，其语法结构如下：

```
while (condition){
statement;
}
```

解释如下：首先，while 语句计算表达式，如果表达式为 true，则执行 while 循环体内的语句；否则结束 while 循环，执行 while 循环体以后的语句。

【示例 5.10】 计算 1 到 100 之间的和。

创建一个名为 SumEG.html 的页面，其代码如下：

```
<html>
<head>
<meta http-equiv="Content-Type" content="text/html; charset=gb2312" />
<title>计算 1-100 之间的和</title>
</head>
<body >
```

```
<script language="javascript">
    var i = 0;
    var sum = 0;
    while(i<=100) {
        sum += i;
        i++;
    }
    document.write("1-100 之间的和为："+sum);
</script>
</body>
</html>
```

通过 Chrome 浏览器查看该 HTML 网页，结果如图 5-10 所示。

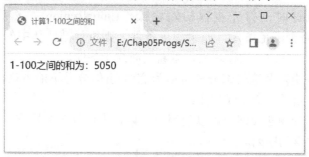

图 5-10 while 语句求和示例

(2) do-while 语句。do-while 用于循环至少执行一次的情形，其语法结构如下：

```
do {
statement;
} while (condition);
```

解释如下：首先，do-while 语句执行一次 do 语句块，然后计算表达式，如果表达式为 true，则继续执行循环体内的语句；否则(表达式为 false)，则结束 do-while 循环。

【示例 5.11】 使用 do-while 结构来计算 1 到 100 之间的和。

创建一个名为 SumEG1.html 的页面，其代码如下：

```
<html>
<head>
<title>计算 1-100 之间的和</title>
</head>
<body >
<script language="javascript">
    var i = 0;
    var sum = 0;
    do {
        sum += i;
        i++;
```

```
    } while(i<=100);
    document.write("1-100 之间的和为："+sum);
</script>
</body>
</html>
```

上述代码的运行结果如图 5-10 所示。

(3) for 语句。for 语句是最常见的迭代语句，一般用在循环次数已知的情形，其语法结构如下：

```
for (initialization; condition; update) {
statements;
}
```

其中：

- ♦ for 语句执行时，首先执行初始化操作(initialization)，然后判断表达式 (condition)是否满足条件，如果满足条件，则执行循环体中的语句，最后执行迭代部分。完成一次循环后，重新判断终止条件。
- ♦ 初始化、终止以及迭代部分都可以为空语句(但分号不能省略)，三者均为空的时候，相当于一个无限循环。
- ♦ 在初始化部分和迭代部分可以使用逗号语句来进行多个操作。逗号语句是用逗号分隔的语句序列。

```
for( i=0, j=10; i<j; i++, j--) {
    ……
}
```

注 意　各种循环中的 condition 与 if 类似，当 condition 返回的值为 0、null、" "、false、undefined 或 NaN 时，则不执行 for 语句块；如果 condition 的值为 true、非空字符串(即使该字符串为 "false")、非 null 对象等则执行该 for 语句块。

【示例 5.12】　在页面上输出直角三角形。

创建一个名为 PrintTriangle.html 的页面，其代码如下：

```
<html>
<head>
<title>打印三角形</title>
<script type="text/javascript">
            for(var i = 0; i < 8 ; i++)
            {
                    for(var j = 0; j <= i; j++)
                    {
                            document.write("*");
                    }
                    document.write("<br>");
            }
```

```
            document.write("<br>");
</script>
</head>
<body>
</body>
</html>
```

上述代码使用嵌套 for 循环语句打印了一个直角三角形，输出结果如图 5-11 所示。

图 5-11　打印三角形示例

(4)　for-in 语句。for-in 是 JavaScript 提供的一种特殊的循环方式，用来遍历一个对象的所有用户定义的属性或者一个数组的所有元素。for-in 的语法结构如下：

```
for (property in Object)
{
    statements;
}
```

其中：

◇　property 表示所定义对象的属性。每一次循环，属性被赋予对象的下一个属性名，直到所有的属性名都使用过为止，当 Object 为数组时，property 指代数组的下标。

◇　Object 表示对象或数组。

【示例 5.13】　实现数组的降序排列。

创建一个名为 RankEG.html 的页面，其代码如下：

```
<html>
<head>
<title>for-in 的用法</title>
</head>
<body>
<script language="javascript">
    //直接初始化一个数组
    var a = [23,4,33,53,24,46,21];
    document.write("<li>排序前： " + a + "<br>");
    for (i in a)
```

```
        {
                for (m in a)
                {
                        if(a[i] > a[m])
                        {
                                var temp;
                                //交换单元
                                temp = a[i];
                                a[i] = a[m];
                                a[m] = temp;
                        }
                }
        }
        document.write("<li>排序后: " + a + "<br>");
</script>
</body>
</html>
```

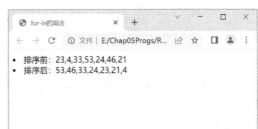

上述代码中，使用冒泡排序来对数据进行降序排列。

通过 Chrome 浏览器查看该 HTML 网页，结果如图 5-12 所示。

图 5-12　数组排序示例

3. 转移语句

JavaScript 的转移语句可用在选择结构和循环结构中，使程序员可以更方便地控制程序执行的方向。JavaScript 中提供的转移语句有 break 语句、continue 语句和 return 语句:

(1) break 语句。break 语句主要有两种作用:

◇　在 switch 语句中，用于终止 case 语句序列，跳出 switch 语句。

◇　在循环结构中，用于终止循环语句序列，跳出循环结构。

当 break 语句用于 for、while、do-while 或 for-in 循环语句中时，可使程序终止循环而执行循环后面的语句。通常 break 语句总是与 if 语句连在一起，即满足条件时便跳出循环。仍然以 for 语句为例来说明，其一般形式为:

```
for(表达式 1; 表达式 2; 表达式 3){
......
if(表达式 4)
        break;
......
}
```

上述代码的含义是: 在执行循环体过程中，如 if 语句中的表达式成立，则终止循环，转而执行循环语句之后的其他语句。

【示例 5.14】 在 1 到 10 中查找是否有可以被 3 整除的数值。

创建一个名为 BreakEG.html 的页面，其代码如下：

```html
<html>
<head>
        <title>Break 语句</title>
        <script type="text/javascript">
                var target = 3;
                for (i=1; i<=10; i++ ) {
                        if (i % target == 0) {
                                document.write('找到目标！');
                                break;
                        }
                }
                //打印当前的 i 值
                document.write(i);
        </script>
</head>
<body></body>
</html>
```

通过 Chrome 浏览器查看该 HTML 网页，结果如图 5-13 所示。

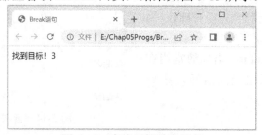

图 5-13　查找目标数字示例

　　(2)　continue 语句。continue 语句用于 for、while、do-while 和 for-in 等循环体中时，常与 if 条件语句一起使用，用来加速循环。即满足条件时，跳过本次循环剩余的语句，强行检测判定条件以决定是否进行下一次循环。

　　以 for 循环为例，其一般形式为：

```
for(表达式 1; 表达式 2; 表达式 3)
{
......
if(表达式 4)
    continue;
......
}
```

　　上述代码的含义是：在执行循环体过程中，如 if 条件语句中的表达式成立，则终止当前迭代，转而执行下一次迭代。

　　【示例 5.15】在 1 到 10 中寻找可以被 3 整除的数值，如果找到则打印"找到目标", 否则打印当前值。

创建一个名为 ContinueEG.html 的页面, 其代码如下:

```html
<html>
<head>
        <title>Continue 语句</title>
        <script type="text/javascript">
                var target = 3;
                for (i = 1; i <=10; i++) {
                if (i % target == 0) {
                        document.write('找到目标! <br/>');
                        continue;
                }
                //打印当前的 i 值
                document.write(i + "<br/>");
        }
        </script>
</head>
<body></body>
</html>
```

通过 Chrome 浏览器查看该 HTML 网页, 结果如图 5-14 所示。

(3) return 语句。return 语句通常用在一个函数的最后, 以退出当前函数, 主要有以下两种格式:

♦ return 表达式。

♦ return。

图 5-14　查找目标数字示例

当含有 return 语句的函数被调用时, 执行 return 语句将从当前函数中退出, 返回到调用该函数的语句处。如执行 return 语句的是第一种格式, 将同时返回表达式执行结果; 第二种格式执行后则不返回任何值。

【示例 5.16】计算任意两个数的乘积。

创建一个名为 ReturnEG.html 的页面, 其代码如下:

```html
<html>
<head>
        <title>Return 语句</title>
        <script type="text/javascript">
                var v1  = prompt("输入乘数: ","");
                var v2  = prompt("输入被乘数: ","");
                document.write("输入的值分别是: "+v1+","+v2+"<br/>");
                var sum = doMutiply (v1,v2);
                document.write("结果是: "+v1+"×"+v2+"="+sum);
```

```
        //计算两个数的乘积
        function doMutiply(oper1,oper2){
                return oper1*oper2;
        }
    </script>
</head>
<body></body>
</html>
```

通过 Chrome 浏览器查看该 HTML 网页，结果如图 5-15 所示。

使用 return 语句的注意事项如下：

◆ 在一个函数中，允许有多个 return 语句，但每次调用函数时只可能有一个 return 语句被执行，因此函数的执行结果唯一。

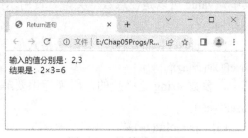

图 5-15　计算乘积示例

◆ 如果函数不需要返回值，则在函数中可以省略 return 语句。

5.3　函　　数

函数是完成特定功能的一段程序代码，为程序设计人员带来了很多方便。通常在进行一个复杂的程序设计时，会根据需要完成的功能将程序划分为一些相对独立的部分，每一部分编写一个函数，从而使程序结构清晰，易于阅读、理解和维护。

在 JavaScript 中有两种函数，即内置的系统函数和用户自定义函数。

5.3.1　内置函数

JavaScript 常用的内置函数如表 5-6 所示。

表 5-6　常用内置函数

函数名	说　　明
alert	显示一个警告对话框，包括一个 OK 按钮
confirm	显示一个确认对话框，包括 OK、Cancel 按钮
prompt	显示一个输入对话框，提示等待用户输入
escape	将字符转换成 Unicode 码
eval	计算表达式的结果
parseFloat	将字符串转换成浮点型
parseInt	将字符串转换成整型
isNaN	测试是否是一个数字
unescape	返回对一个字符串编码后的结果字符串，其中，所有空格、标点以及其他非 ASCII 码字符都用 "%xx" (xx 等于该字符对应的 Unicode 编码的十六进制数) 格式的编码替换

表 5-6 中的 alert()、confirm()、prompt()函数实际上是 Window 对象的方法，Window 对象会在第 7 章讲述。表中的其他方法则称为全局函数，属于 Global 对象，但该对象从来不直接使用，且不能用 new 运算符创建，它在 JavaScript 引擎被初始化时创建，其方法和属性可立即使用。

下面重点介绍 alert()、parseInt()、parseFloat()、isNaN()这四个函数：

(1) alert()函数。其语法格式如下：

```
alert(value);
```

其中，value 可以是任意数据类型。使用示例如下：

```
alert("hello!");
```

(2) parseFloat()函数。其语法格式如下：

```
parseFloat(string);
```

其中，参数 string 是必须的，用来标识要解析的字符串。使用示例如下：

```
parseFloat("1.2");
```

(3) parseInt()函数。其语法格式如下：

```
parseInt(numstring,[radix]);
```

其中：

◆ 第一个参数 numstring 是要进行转换的字符串。

◆ 第二个参数为可选项，是介于 2～36 之间的一个数值，用于指定字符串转换所用的数值类型，如果没有指定，则前缀为 "0x" 的字符串为十六进制数，前缀为 "0" 的为八进制数，所有其他字符串为十进制数。另外，如果要转换的字符中包含无法转换成数字的字符，那么此函数只对字符串中能进行转换的部分转换。

(4) isNaN()函数。其语法格式如下：

```
isNaN(x);
```

其中，当参数 x 不为数字时，该函数返回 true，否则返回 false。

【示例 5.17】 当输入两个数时，首先判断是否有效，然后计算任意两个数的和。

创建一个名为 FunEG.html 的页面，其代码如下：

```html
<html>
<head>
        <title>内置函数语句</title>
        <script type="text/javascript">
                var v1  = prompt("输入乘数：","");
                var v2  = prompt("输入被乘数：","");
                if(isNaN(v1)||isNaN(v2)){
                        alert("输入的数字不是数字类型");
                }else{
                        v1 = parseInt(v1);
                        v2 = parseInt(v2);
                        var sum = v1+v2;
                        document.write("结果是："+v1+"+"+v2+"="+sum);
```

```
        }
    </script>
</head>
<body></body>
</html>
```

上述代码中，通过 prompt 函数显示一个输入对话框，当用户输入任意值时，通过 isNaN 函数判断输入值是否为一个数字，如果输入的两个值不为数字，那么 alert 函数就会输出错误对话框。

通过 Chrome 浏览器查看该 HTML 网页，当输入的数值不合法时，结果如图 5-16 所示。

图 5-16　计算两数的和示例

 如果输入的数字合法，但不使用 parseInt 进行转换时，"+"运算符不会进行加法运算，而是进行两个输入值的字符串连接操作。

5.3.2　自定义函数

同其他语言(如 Java 语言)一样，JavaScript 除了内置的系统函数可供调用之外，也可以自定义函数，然后调用执行。在 JavaScript 中，自定义函数的语法格式如下：

```
function funcName([param1][,param2…])
{
    //statements
    ......
}
```

其中：
- ✧ function：定义函数的关键字。
- ✧ funcName：函数名。
- ✧ param：参数列表，是传递给函数使用或操作的值，其值可以是任何类型(如字符串、数值型等)。

在自定义函数时需注意以下事项：
(1) 函数名必须唯一，且区分大小写。
(2) 函数命名的规则与变量命名的规则基本相同，以字母作开头，中间可以包括数字、字母或下画线等。
(3) 参数可以使用常量、变量和表达式。
(4) 参数列表中有多个参数时，参数间以","隔开。
(5) 若函数需要返回值，则使用"return"语句。
(6) 自定义函数不会自动执行，只有调用时才会执行。

(7) 如果省略了 return 语句中的表达式，或函数中没有 return 语句，函数将返回一个 undefined 值。

【示例 5.18】 编写一个计算器，实现加、减、乘、除的功能，并能对操作数和操作符的有效性进行验证。

创建一个名为 CalculatorEG.html 的页面，其代码如下：

```
<html>
<head>
        <title> 计算器 </title>
</head>
<body>
<script language="javascript">
        //第一个操作数
        var oper1 = prompt("输入操作数","");
        //第二个操作数
        var oper2 = prompt("输入被操作数","");
        //输入运算符号
        var operator = prompt("输入运算符(+,-,*,/)","");
        //先进行数值转换
        parseV();
        //结果
        var result;
        switch (operator)
        {
        case"+":
                //调用加法函数
                result = doSum(oper1,oper2);
                alert(oper1+"+"+oper2+"="+result);
                break;
        case"-":
                //调用减法函数
                result = doSubstract(oper1,oper2);
                alert(oper1+"-"+oper2+"="+result);
                break;
        case"*":
                //调用乘法函数
                result = doMultiply(oper1,oper2);
                alert(oper1+"*"+oper2+"="+result);
                break;
        case"/":
                //调用除法函数
```

```
            if(oper2==0){
                    alert("0 不能做除数！");
                    break;
            }
            result = doDivide(oper1,oper2);
            alert(oper1+"/"+oper2+"="+result);
            break;
    default:
            alert("输入的运算符不合法！");
    }
//验证是否为数字，并转换成数字
function parseV(){
if(isNaN(oper1)||isNaN(oper2)){
        alert("输入的数字不合法！");
}else{
        oper1 = parseFloat(oper1);
        oper2 = parseFloat(oper2);
}
}
//加法运算
function doSum(oper1,oper2){
        return oper1+oper2;
}
//减法运算
function doSubstract(oper1,oper2){
        return oper1-oper2;
}
//乘法运算
function doMultiply(oper1,oper2){
        return oper1*oper2;
}
//除法运算
 function doDivide(oper1,oper2){
        return oper1/oper2;
}
    </script>
</body>
</html>
```

上述代码中，定义了五个函数，分别为 parseV()、doSum()、doSubstract()、doMultiply()、doDivide()。其中，parseV()函数用于把界面上输入的数字转换成数值类型，另外四个函数负责完成加、减、乘、除四个功能。

通过 Chrome 浏览器查看该 HTML 网页，结果如图 5-17 所示。

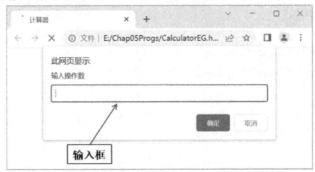

图 5-17　计算器演示

图 5-17 是操作数和操作符的输入窗口，一共会弹出三个类似的窗口，分别输入"3"
"7"和"*"后，结果如图 5-18 所示。

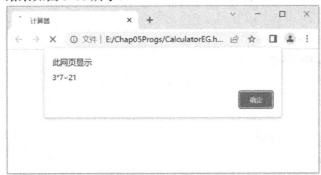

图 5-18　计算结果演示

 该计算器还可以进行非法操作数、非法操作符和 0 作除数的计算验证，请读者自行测试。

此外，在很多语言(如 Java)中，函数只是语言的语法特征，可以被定义或调用，却不
是数据类型，但在 JavaScirpt 中，函数实质上是一种数据类型，因此可以把自定义的函数
赋给特定的变量，其语法格式如下：

```
function funcName([param1][,param2...])
{
        //statements
        ......
}
var fun1 = funcName;
```

其中，变量 fun1 的值就是 funcName 函数的引用，可通过以下格式调用该函数：

```
fun1([param1][,param2...]);
```

以上调用方式与以下调用方式是完全等价的：

```
funcName([param1][,param2...]);
```

在定义函数的时候，也可以不给函数命名(匿名函数)，直接把定义的匿名函数赋予变
量，格式如下：

```
var func1 = function([param1][,param2…])
{
    //statements
    ......
}
```

该匿名函数的调用方式如下：

```
fun1([param1][,param2…]);
```

注意 在同一个页面中不能定义名称相同的函数。另外，当用户自定义函数后，需要对该函数进行引用，否则自定义的函数将失去意义。

本 章 小 结

通过本章的学习，读者应当了解：

◇ JavaScript 语言同其他编程语言一样，有其自身的数据类型、表达式、算术运算符以及基本语句结构。

◇ JavaScript 中有字符串类型、数值型、布尔型、对象型、null 和 undefined 等基本数据类型。

◇ 变量是指程序中一个已经命名的存储单元，其主要作用是为操作提供存放数据的容器。

◇ JavaScript 是一种弱类型的语言，变量在定义时不必指明具体类型，对于同一变量可以赋不同类型的变量值。

◇ JavaScript 中根据变量的作用域可以分为全局变量和局部变量两种。

◇ JavaScript 中的注释分为单行注释和多行注释两种方式。

◇ JavaScript 中运算符主要分为算术运算符、比较运算符和逻辑运算符三类。

◇ JavaScript 常用的程序控制结构包括分支结构、迭代结构和转移语句。

◇ JavaScript 中有两种函数，即内置的系统函数和用户自定义函数。

本 章 练 习

1. 下列说法正确的是_____。

A. JavaScript 是一种解释型的语言

B. JavaScript 是一种强类型的语言

C. 必须安装 Java 虚拟机才能运行 JavaScript

D. JavaScript 可以读写客户端硬盘上的文件

2. 下列不属于 JavaScript 基本数据类型的是_____。(多选)

A. 整数　　　　　B. 字符　　　　　C. 字符串　　　　　D. 布尔类型

3. JavaScript 表达式 1 + 2 + "3" + 4 + 5 的运算结果是_____。

A. 12345　　　　B. 339　　　　　C. 3345　　　　　D. 语法错误

4．下列代码的运行结果是_____。

```
<script>
    var x = 1;
    function test() {
        var x = 2;
        y = 3;
        document.write(x);
    }
    test();
    document.write(x);
    document.write(y);
</script>
```

    A．输出 223   B．输出 213   C．输出 21   D．运行错误

5．定义函数 max()，返回所有参数中的最大值。

第 6 章　JavaScript 对象

📖 本章目标

■ 掌握数组对象的创建方式

■ 掌握数组对象常用方法的使用

■ 掌握字符串对象常用方法的使用

■ 掌握日期对象常用方法的使用

■ 了解数学对象常用方法的使用

■ 了解原型的概念

■ 掌握自定义对象的几种创建方式

■ 掌握 ES6 常用的新增特性

6.1 JavaScript 核心对象

JavaScript 语言是一种基于对象(Object)的语言，其核心对象主要有以下几种：

(1) 数组对象(Array)；

(2) 字符串对象(String)；

(3) 日期对象(Date)；

(4) 数学对象(Math)。

 对象是一种特殊的数据类型，它拥有属性和方法。

6.1.1 数组对象

数组(Array)是编程语言中常见的一种数据结构，可以用来存储一系列的数据。与其他强类型语言不同，在 JavaScript 中，数组可以存储不同类型的数据。数组中的各个元素可以通过索引进行访问，索引的范围为 0～length−1(length 为数组长度)。

1. 创建数组对象

Array 对象表示数组，创建数组的方式有以下几种：

```
// 不带参数，返回空数组。length 属性值为 0
new Array();
// 数字参数，返回大小为 size 的数组。length 值为 size，数组中的所有元素初始化为 undefined
new Array(size);
// 带多个参数，返回长度为参数个数的数组。length 值为参数的个数
new Array(e1, e2, ..., eN);
```

其中：

◇ size 是数组的元素个数。数组的 length 属性将被设为 size 的值。

◇ 参数 e1，e2，…，eN 是参数列表。使用这些参数来调用构造函数 Array() 时，新创建的数组的元素就会被初始化为这些值，它的 length 属性会被设置为参数的个数。

 当把构造函数作为函数调用，不使用 new 运算符时，它的行为与使用 new 运算符时完全一样。

2. 数组对象的方法

Array 对象的主要方法及功能说明如表 6-1 所示。

表 6-1　Array 对象的方法及功能

方　法　名	功 能 说 明
concat()	连接两个或更多的数组，并返回合并后的新数组
join()	把数组的所有元素放入一个字符串并返回此字符串。元素通过指定的分隔符进行分隔
pop()	删除并返回数组的最后一个元素
push()	向数组的末尾添加一个或更多元素，并返回新的长度
reverse()	颠倒数组中元素的顺序
sort()	对数组的元素进行排序
toString()	把数组转换为字符串，并返回结果

注 意　在本书中，经常涉及"函数"和"方法"两个概念，对于对象或自定义对象内的函数都统一用"方法"一词，其他情况统称为"函数"。

【示例 6.1】　输入任意多个数，使用数组对象进行升序排序。

创建一个名为 ArrayEG.html 的页面，其代码如下：

```
<html>
<head>
        <title>数组排序</title>
<script language="javascript">
//初始化数组对象
var array = new Array();
//调用初始化方法
init();
//打印排序后的结果
if (array.length == 0) {
            document.write("数组中无任何合法数值");
} else {
            document.write("排序前的结果为：<br/>");
            document.write(array + "<br/>");
            document.write("排序后的结果为：<br/>");
            document.write(array.sort(sortNumber));
}
//比较函数
function sortNumber(a, b)
{
            if (a < b) {
                  return -1;
            } else if (a == b) {
                  return 0;
            } else {
                  return 1;
```

```
          }
}
//任意输入多个数值
function init()
{
     while(true) {
               var v =  prompt("输入数值，要结束时请输入'end'","");
               if (v == 'end') {
                    break;
               }
               //输入的值为非数值型
               if (isNaN(v)) {
                    break;
               }
               //保存到数组中
               array.push(parseFloat(v));
          }
}
</script>
</head>
<body>
</body>
</html>
```

上述代码中，首先创建一个名为"array"的对象，然后通过调用 init()方法输入任意多个数保存到该数组对象中，如果该数组的大小不为 0，则按升序排序输出。

通过 Chrome 浏览器查看该 HTML，首先弹出一个输入对话框，提示文本为"输入数值，要结束时请输入'end'"。输入一个整数后，对话框继续弹出，可在其中输入下一个整数，如此循环往复，可以输入任意个整数，最后输入"end"。例如，依次输入以下数据：−10、68、99、−8、−25、1、23、95、end，结果如图 6-1 所示。

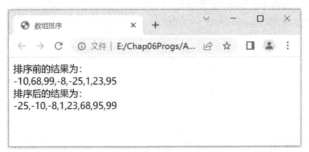

图 6-1　数组排序演示

上述示例中使用 Array 对象的 sort()方法对数组中的数值进行了排序，sort()方法的参数为排序规则，示例中传入了 sortNumber 函数的引用，因此会按照 sortNumber 函数的返回值进行排序，即升序排序，规则如下：

◇　若 a 小于 b，则返回–1；在排序后的数组中 a 应该出现在 b 之前；

◇　若 a 等于 b，则返回 0；a 和 b 的位置不变；

◇　若 a 大于 b，则返回 1；a 应该放在 b 的后面。

而如果要对数组进行降序排序，则 sortNumber 函数可进行如下修改：

```
//比较函数
function sortNumber(a, b)
{
    if (a > b) {
            return -1;
    } else if (a == b) {
            return 0;
    } else {
            return 1;
    }
}
```

此时，当 a 大于 b，函数返回–1，a 排在 b 的前面，即降序排序。

如果调用 sort()方法时没有指定参数，则会按照字符编码的顺序对数组中的元素进行排序。

6.1.2　字符串对象

字符串是 JavaScript 中的一种基本数据类型，而字符串对象则封装了一个字符串，并提供了许多操作字符串的方法，例如分割字符串、改变字符串大小写、操作子字符串等。

1．创建字符串对象

创建一个字符串对象有几种方法。最常见的方法是用引号将一组字符包含起来，可以将其赋值给一个变量。

(1) 使用字面值创建，方法如下：

```
var myStr = "Hello, String!";
```

上述语句创建了一个名为 myStr 的字符串。

声明字符串可以用单引号，也可以用双引号。

(2) 使用构造函数创建。

上面利用字面值创建的字符串，本质上并不是真正的字符串对象，只是字符串类型(基本数据类型)的一个值。如果要创建一个真正的字符串对象，可以使用如下方法：

```
var strObj = new String("Hello, String!");
```

当使用 new 运算符调用 String()构造函数时，它将返回一个新创建的 String 对象，该对象存放的是字符串"Hello，String！"的值。

此外，也可以使用如下方法创建字符串：

```
var str = String("Hello, String!");
```

上述语句不使用 new 运算符，而是直接调用 String 构造函数创建，这种方法与使用字面值创建的方法本质上是相同的，得到的是字符串类型的值。

 如果使用 typeof 运算符查看，会发现，上面示例中的 myStr 和 str 的类型为 String，而对象 strObj 的类型为 Object。

2. 字符串对象的方法

String 对象提供了多个方法用于对字符串进行操作，功能描述如表 6-2 所示。

表 6-2　String 对象的方法及功能

方 法 名	功 能 说 明
charAt()	返回在指定位置的字符
concat()	连接字符串
indexOf()	检索指定的字符串位置
split()	把字符串分割为字符串数组
substring()	提取字符串中两个指定的索引号之间的字符
toLowerCase()	把字符串转换为小写
toUpperCase()	把字符串转换为大写
replace()	替换与正则表达式匹配的子串
anchor()	创建锚点

 JavaScript 的字符串是不可变的(immutable)，String 对象定义的方法都不能改变字符串的内容。像 toUpperCase()这样的方法，返回的是全新的字符串，而不是修改原始字符串。该特性和 Java 语言中的 String 类似。

(1)　charAt()方法。

charAt()方法从字符串中返回一个字符，其语法格式如下：

```
str.charAt(index)
```

其中，参数"index"指明返回字符的位置索引，起始索引值是 0。

【示例 6.2】　给定任意字符串，统计指定字母的个数。

创建一个名为 StringEG.html 的页面，其代码如下：

```
<html>
<head>
    <title> 统计字符个数</title>
</head>
<body>
<script language="javascript">
    //给定源字符串
    var sourceStr = prompt("输入任意字符串：","");
    //指定待统计的字符
```

```
        var ch = prompt("输入指定的字符：","");
        //定义计数器
        var count = 0;
        for (i = 0; i < sourceStr.length; i++)
        {
                if (sourceStr.charAt(i) == ch)
                {
                count++;
                }
        }
        document.write(ch + "的个数为：" + count);
</script>
</body>
</html>
```

上述代码中，使用字符串对象的 charAt()方法来返回指定位置的字符，然后和指定的字符比较，如果相等则计数器加 1，最后打印指定字符的个数。

使用 Chrome 浏览器查看该 HTML，网页会调用 prompt()方法弹出输入对话框，在其中分别输入字符串"abcda"和指定字符"a"后，页面上的输出结果为：

a 的个数为 2

(2) indexOf()方法。

indexOf()方法从特定的位置起查找指定的字符串，其返回值是查找到的第一个位置，如果在指定位置后找不到，则返回-1，其语法格式如下：

str.indexOf(string,index)

其中：

❖ string：要查找的字符串。

❖ index：查找的起始位置，如果省略该参数，会从第一个字符开始查找。

【示例 6.3】 演示 indexOf()的使用方法。

创建一个名为 IndexOfEG.html 的页面，其代码如下：

```
<html>
<head>
        <title>indexOf方法演示</title>
        <script language="javascript">
                var str = "0123456789";
                document.write("str.indexOf('1')的执行结果为："+
                        str.indexOf('1')+"<br/>");
                document.write("str.indexOf('45')的执行结果为："+
                        str.indexOf('45')+"<br/>");
                document.write("str.indexOf('a')的执行结果为："+
                        str.indexOf('a')+"<br/>");
        </script>
```

```
</head>
<body>
</body>
</html>
```

上述代码中，分别返回了字符串"0123456789"中"1""45"以及"a"的位置。

使用 Chrome 浏览器查看该 HTML，在页面上输出的结果如下：

```
str.indexOf('1')的执行结果为：1
str.indexOf('45')的执行结果为：4
str.indexOf('a')的执行结果为：-1
```

由上述结果得知，当字符串不包含指定的字符时，返回的值为"-1"。

(3) lastIndexOf()方法。

lastIndexOf()方法与 indexOf()使用方法相同，区别在于该方法是从字符串的指定位置向前搜索。

(4) substring()方法。

substring()方法用于截取子字符，其语法格式如下：

```
str.substring(start,stop)
```

其中：

❖ start：必需。非负整数，规定要提取的子串的第一个字符在 str 中的位置。

❖ stop：可选。非负整数，规定要提取的子串的最后一个字符在 str 中的位置的下一个位置。如果省略该参数，会返回 start 后的所有字符。

 substring()方法会返回一个新的字符串，其内容是从 start 处到 stop-1 处的所有字符，长度为 stop-start。

【示例6.4】 演示 substring()的用法。

创建一个名为 SubstringEG.html 的页面，其代码如下：

```
<html>
<head>
    <title>substring 方法演示</title>
    <script language="javascript">
        var str = "字符串对象演示";
        document.write(str.substring(1,3)+"<br>");
        document.write(str.substring(3,1)+"<br>");
        document.write(str.substring(2));
    </script>
</head>
<body></body>
</html>
```

上述代码中，分别演示了两个参数位置调换以及只有一个参数的情况。

使用 Chrome 浏览器查看该 HTML，在页面上输出的结果如下：

```
符串
```

符串

串对象演示

注　意　两个参数的位置没有先后顺序，程序会将两个参数中较小的作为截取的起始位置。

(5) toLowerCase()和 toUpperCase()方法。

toLowerCase()方法是将给定字符串中的所有字符转换成小写字母，而 toUpperCase()方法则作用相反，会将字符全部转换成大写字母。二者的语法格式如下：

```
str.toLowerCase()
str.toUpperCase()
```

【示例 6.5】 演示 toLowerCase()和 toUpperCase()的用法。

创建一个名为 ChartCaseEG.html 的页面，其代码如下：

```
<html>
<head>
    <title>toLowerCase 和 toUpperCase 方法演示</title>
    <script language="javascript">
        var str = "JavaScript";
        document.write("toLowerCase 方法的输出： " + str.toLowerCase()
                + "<br>");
        document.write("toUpperCase 方法的输出： "+str.toUpperCase());
    </script>
</head>
<body></body>
</html>
```

上述代码中，分别使用 toUpperCase()和 toLowerCase()方法对字符串"JavaScript"进行了大小写转换。

使用 Chrome 浏览器查看该 HTML，在页面上输出的结果如下：

toLowerCase 方法的输出：javascript

toUpperCase 方法的输出:JAVASCRIPT

(6) anchor()方法。

anchor()方法可以在 HTML 页面中创建一个锚点，其语法格式如下：

```
str.anchor(anchorName)
```

其中：

◇ str：指要设置锚点的字符串对象。

◇ anchorName：必需。为锚点定义名称。

【示例 6.6】 演示 anchor()的用法。

创建一个名为 AnchorEG.html 的页面，其代码如下：

```
<html>
<head>
    <title>anchor 方法演示</title>
```

```
</head>
<body>
    <p>字符的<a href="#anchor1">引用</a></p>
    <script language="javascript">
        var str = "这是一个锚点";
        anchor1 = str.anchor("anchor1");
        document.write(anchor1);
    </script>
</body>
</html>
```

上述代码中，定义了一个名为"anchor1"的锚点，然后使用 document.write()方法在网页中输出它，当单击"引用"超链接时，就会链接到此锚点所在位置。

使用 Chrome 浏览器查看该 HTML，运行结果如图 6-2 所示。

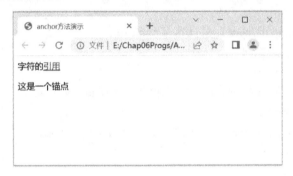

图 6-2　anchor 方法演示

3. 转义字符

转义字符是 JavaScript 中表示字符的一种特殊形式。通常使用转义字符表示 ASCII 码字符集中不可打印的控制字符和特定功能的字符，如单引号、双引号、反斜杠等。转义字符用反斜杠"\"后面跟一个字符表示。常见的转义字符如表 6-3 所示。

表 6-3　转 义 字 符

转 义 字 符	实 现 方 法
双引号	\"
单引号	\'
反斜杠	\\
退格	\b
Tab	\t
换行	\n
回车	\r
进格	\f

【示例6.7】 演示转义字符的使用方法。

创建一个名为 strEscapeCharEG.html 的页面，其代码如下：

```
<script language="javascript">
    var str = "转义字符\n\"换行符\"和\"双引号\"";
    alert(str);
</script>
```

上述代码中，通过 alert()函数输出了一个字符串，使用了换行符和双引号这两个转义字符。

使用 Chrome 浏览器查看该 HTML 页面，结果如图 6-3 所示。

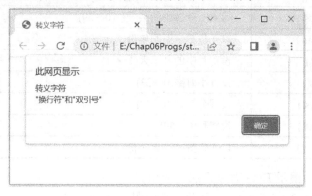

图 6-3　转义字符演示

6.1.3　日期对象

JavaScript 提供了处理日期的对象和方法。通过日期对象可以方便地获取系统时间，并设置新的时间。

1. 创建日期对象

Date 对象表示系统当前的日期和时间，下列语句可以创建一个 Date 对象：

```
var myDate = new Date();
```

此外，在创建日期对象时可以指定具体的日期和时间，语法格式如下：

```
var myDate = new Date('MM/dd/yyyy HH:mm:ss');
```

其中：

- ❖ MM：表示月份，其范围为 0(一月)～11(十二月)。
- ❖ dd：表示日，其范围为 1～31。
- ❖ yyyy：表示年份，4 位数，如 2010。
- ❖ HH：表示小时，其范围为 0(午夜)～23(晚上 11 点)。
- ❖ mm：表示分钟，其范围为 0～59。
- ❖ ss：表示秒，其范围为 0～59。

例如，一个指定为 2010 年 9 月 25 日 18 时 36 分 42 秒的日期对象创建语句如下：

```
var myDate = new Date('9/25/2010 18:36:42');
```

2. 日期对象的方法

Date 对象提供了获取和设置日期或时间的方法，如表 6-4 所示。

表 6-4　Date 对象的方法及功能

方 法 名	功 能 说 明
getDate()	返回一个月中的某一天(1～31)
getDay()	返回一个星期中的某一天(0～6)，其中星期天为 0
getHours()	返回一天中的某一个小时(0～23)
getMinutes()	返回一小时中的某一分钟(0～59)
getMonth()	返回一年中的某一月(0～11)
getSeconds()	返回一分钟中的某一秒(0～59)
getFullYear()	以 4 位数字返回年份，如 2010
setDate()	设置月中的某一天(1～31)
setHours()	设置小时数(0～23)
setMinutes()	设置分钟数(0～59)
setSeconds()	设置秒(0～59)
setFullYear()	以 4 位数字设置年份

【示例 6.8】 演示 Date 对象方法的应用。

创建一个名为 DateEG.html 的页面，其代码如下：

```
<script language="javascript">
    var date = new Date();
    document.write(date.getFullYear() + "年"
                + (date.getMonth() + 1) + "月"
                + date.getDate() + "日");
    document.write('<br/>');
    document.writeln(date.getHours() + "时"
                    + date.getMinutes() + "分"
                    + date.getSeconds() + "秒");
</script>
```

上述代码中，使用 Date 对象提供的方法输出了系统当前的日期和时间，输出结果如下：

```
2023年1月8日
10时49分20秒
```

注 意　在 JavaScript 中，Date()类型的对象获取年份时通常用 date.getFullYear()方法，而不用 date.getYear()方法，原因是在 Chrome 浏览器、Firefox 浏览器甚至是 IE11 等绝大多数浏览器中，date.getYear()方法返回的都是"当前年份-1900"的值(即年份基数是 1900)。

【示例 6.9】 实现一个动态的数字时钟。

创建一个名为 Timer.html 的页面，其代码如下：

```
<html>
<head>
    <title>数字时钟</title>
```

```
<script language="javascript">
        function displayTime()
        {
                //定义对象
                var today = new Date();
                //获取当前日期
                var hours = today.getHours();
                var minutes = today.getMinutes();
                var seconds = today.getSeconds();
                //将分秒格式化
                minutes = fixTime(minutes);
                seconds = fixTime(seconds);
                var time = hours+":"+minutes+":"+seconds;
                document.getElementById("txt").innerHTML = time;
                setTimeout('displayTime();',1000);
        }
        //将小于 10 的数字前面加 0
        function fixTime(time)
        {
                if (time < 10)
                {
                        time = "0" + time;
                }
                return time;
        }
    </script>
</head>
<body onload = displayTime()>
        <div id="txt"></div>
</body>
</html>
```

上述代码中，使用 Date 对象的属性和方法实现了一个动态的数字时钟，并显示在页面中的 div 中。其中的 setTimeout()方法可以在指定时间后调用 JavaScript 代码，例如代码"setTimeout('displayTime();', 1000);"会在 1 秒钟后调用 displayTime()函数，运行结果如图 6-4 所示。

示例 6.9 中使用了 onload 事件，当页面加载时，触发该事件并调用 displayTime()方法。此外，还使用了 document 对象的 getElementById()方法，通过该方法获取 div 对象并设置内容，使其动态地显示系统当前时间。关于事件和 document 对象的详细介绍可参见后续的第 7 章和第 8 章。

图 6-4　动态时钟演示

6.1.4　数学对象

数学对象提供了一组在进行数学运算时非常有用的属性和方法。

1．数学对象的属性

Math 对象的属性是一些常用的数学常数，如表 6-5 所示。

表 6-5　常用 Math 对象的属性及功能

属 性 名	功 能 说 明
E	自然对数的底
LN2	2 的自然对数
LN10	10 的自然对数
LOG2E	底数为 2，真数为 E 的对数
LOG10E	底数为 10，真数为 E 的对数
PI	圆周率的值
SORT1_2	0.5 的平方根
SORT2	2 的平方根

【示例 6.10】　演示 Math 对象属性的用法。

创建一个名为 MathPropertyEG.html 的页面，其代码如下：

```
<script language="javascript">
    function CalCirArea(r)
    {
        var x = Math.PI;
        var CirArea = x * r * r;
        document.write("半径为\"" + r + "\"的圆的面积为：" + CirArea);
    }
    var r = 2;
    CalCirArea(r);
</script>
```

上述代码中，使用了 Math 对象的 PI 属性，用以计算圆的半径。

通过 Chrome 浏览器查看该 HTML，在页面上输出的结果如图 6-5 所示。

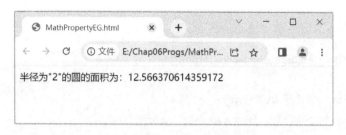

半径为"2"的圆的面积为：12.566370614359172

图 6-5　Math 对象属性的用法演示

 Math 对象与 Date 和 String 对象不同，没有构造函数 Math()，因此不能手工创建 Math 对象，当调用其属性或方法时可通过"Math.属性名"或"Math.方法名"的形式直接调用，如 Math.PI。

2. 数学对象的方法

Math 对象方法丰富，可直接引用这些方法进行数学计算，常用方法及说明如表 6-6 所示。

表 6-6　Math 对象的方法及功能

方 法 名	功 能 说 明
sin()/cos()/tan()	分别用于计算数字的正弦/余弦/正切值
asin()/acos()/atan()	分别用于返回数字的反正弦/反余弦/反正切值
abs()	取数值的绝对值，返回数值对应的正数形式
ceil()	返回大于等于数字参数的最小整数，对数字进行上舍入
floor()	返回小于等于数字参数的最大整数，对数字进行下舍入
exp()	返回 E(自然对数的底)的 x 次幂
log()	返回数字的自然对数
max()	返回一组数中的最大值
min()	返回一组数中的最小值
pow()	返回数字的指定次幂
random()	返回一个(0，1)之间的随机小数
round()	返回对浮点数四舍五入后的整数
sqrt()	返回数字的平方根

(1)　random()方法。

random()方法用于获取随机数。该方法返回一个大于等于 0、小于 1 的随机浮点数。

【示例 6.11】　随机产生 5 个 0～99 之间的数字，保存到数组中并按升序排序后显示。

创建一个名为 RandomEG.html 的页面，其代码如下：

```
<html>
<head>
<title>生成随机数</title>
<script language="javascript">
    //定义一个数组
    var array=new Array();
```

```
    for (i=0;i<5 ;i++ )
    {
            array[i] = parseInt(Math.random()*100);
    }
    document.write("<li>排序前：  "+array+"<br>");
    document.write("<li>排序后：  "+array.sort(sortNumber)+"<br>");
    //比较函数
    function sortNumber(a,b)
    {
            if (a<b) {
                    return -1;
            } else if(a==b) {
                    return 0;
            } else {
                    return 1;
            }
    }
</script>
</head>
<body>
</body>
</html>
```

上述代码中，使用 random()方法随机产生了 0～99 之间的 5 个数字，然后保存到数组中，通过数组对象的 sort()方法将 5 个随机数进行升序排序，最后输出。

使用 Chrome 浏览器查看该 HTML 网页，在页面上显示的结果如图 6-6 所示。

图 6-6　random 方法演示

(2)　max()和 min()方法。

这两个方法分别用于判断一组数值中的最大值和最小值，都可以接收任意多个参数，其语法格式分别如下：

```
Math.max(数值列表);//返回最大值
```
```
Math.min(数值列表);//返回最小值
```

【示例 6.12】　演示 max()和 min()的使用方法。

创建一个名为 MaxMinEG.html 的页面，其代码如下：

```
<script language="javascript">
```

```
        document.write("最大值为： " + Math.max(3,5,2,73,23) + "<br/>");
        document.write("最小值为： " + Math.min(3,5,2,73,23));
</script>
```

上述代码中，利用 max()和 min()方法分别获取了(3,5,2,73,23)这组数值的最大值和最小值，在页面上显示的结果如图 6-7 所示。

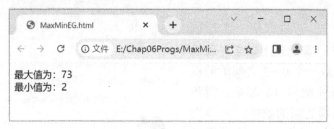

图 6-7　max 和 min 方法演示

(3)　round()方法。

round()方法用于对浮点数进行四舍五入，返回舍入后的整数，其语法格式如下：

```
Math.round(浮点数)
```

【示例 6.13】　演示 round()方法的使用。

创建一个名为 RoundEG.html 的页面，其代码如下：

```
<script language="javascript">
        document.write("6.23 四舍五入后的值为： " + Math.round(6.23) + "<br/>");
        document.write("6.52 四舍五入后的值为： " + Math.round(6.52));
</script>
```

上述代码中，通过使用 round()方法分别对数值 6.23 和 6.52 进行四舍五入，输出结果如图 6-8 所示。

图 6-8　round 方法演示

【示例 6.14】　通过对 Math 对象方法的使用，实现随机生成头像图片的功能。

创建一个名为 RandomImg.html 的页面，其代码如下：

```
<html>
<head>
<meta http-equiv="Content-Type" content="text/html; charset=gb2312" />
<title>随机生成头像图片</title>
<script language="javascript">
        var vNum = Math.random();
        vNum = Math.round(vNum*10);
```

```
        var addr = "<img src =\"images/" + vNum + ".gif\">";
        document.write(addr);
</script>
</head>
<body>
</body>
</html>
```

上述代码中，首先使用数学对象的
random()方法生成一个 0～1 之间的随机
数，然后将此随机数与 10 相乘，得到
一个 0～10 范围之间的数字，再调用
round()方法进行四舍五入，最后通过
write()函数将 images 文件夹中对应的图
片显示在页面中，每刷新一次页面图片
就会改变一次。

使用 Chrome 浏 览 器 查 看 该
HTML，结果如图 6-9 所示。

图 6-9　随机生成头像图片演示

6.2　自定义对象

在 JavaScript 中，对象是一种特殊的数据类型，并拥有一系列的属性和方法，用户除
了使用已有的 String、Date、Array 等对象之外，还可以创建自己的自定义对象。

6.2.1　原型

在 JavaScript 中，所有的对象都拥有只读的 prototype(原型)属性，通过 prototype 属性
可以为新创建对象或已有对象(如 String)添加新的属性和方法。其语法格式如下：

```
object.prototype.name = value
```

其中：
- ◇　object：被扩展的对象，如 String 对象。
- ◇　prototype：对象的原型。
- ◇　name：需要扩展的属性或方法，如果是属性，则 value 为特定的属性值；如
　　果是方法，则 value 是方法的引用。

【示例 6.15】扩展 String 对象，实现 startsWith()方法和 endsWith()方法，分别用于
判断字符串是否以指定的字符串开始和结束。

创建一个名为 StringExtend.html 的页面，其代码如下：

```
<html>
<head>
    <title>prototype 用法 </title>
```

```
</head>
<body>
<script language="javascript">
    // 判断字符串是否以指定的字符串结束
    String.prototype.endsWith = function(str) {
            return this.substr(this.length - str.length) == str;
    }
    // 判断字符串是否以指定的字符串开始
    String.prototype.startsWith = function(str) {
            return this.substr(0, str.length) == str;
    }
    //判断字符串是否以"start"开始
    var str = "start the game ; the game is end";
    if(str.startsWith("start")){
            document.write("该字符串以 start 开始<br>");
    }
    if(str.endsWith("end")){
            document.write("该字符串以 end 结束<br>");
    }
</script>
</body>
</html>
```

上述代码中，使用 prototype 属性对 String 对象进行了扩展，把两个匿名函数的引用分别赋予 endsWith 和 startsWith，从而使得 String 对象拥有了 endsWith 和 startsWith 方法。

使用 Chrome 浏览器查看该 HTML 网页，在页面上输出的结果如图 6-10 所示。

图 6-10　prototype 属性的用法演示

上述 startsWith()和 endsWith()两个方法是在 JavaScript 运行期间动态添加的，且添加的这两个方法只对当前网页有效，而如果想要在其他网页中引用这两个函数，则可以把它们单独放在 js 文件中，供其他网页引用。

6.2.2　对象创建

JavaScript 对象的创建主要有四种方式，即 JSON 方式、构造函数方式、原型方式和混合方式。

1. JSON 方式

JSON(JavaScript Object Notation)是一种轻量级的数据交换格式，非常适合于服务器与 JavaScript 的交互。使用 JSON 方式可以在 JavaScript 代码中创建对象，也可以在服务器端程序中按照 JSON 格式创建字符串，在 JavaScript 中把该字符串解析成 JavaScript 对象。

JSON 格式的对象语法格式如下：

```
{      //对象内的属性语法(属性名与属性值是成对出现的)
       propertyName:value,
       //对象内的函数语法(函数名与函数内容是成对出现的)
       methodName:function(){...}
};
```

其中：

- ◇ propertyName：属性名称，每个属性名后跟一个 "："，后面跟一个值，该值可以是字符串、数值、对象等类型，并且每个 "propertyName:value" 对以 "," 分割。
- ◇ methodName：方法名称，每个方法名后跟一个 "："，后面跟一个匿名函数。
- ◇ 一个对象以 "{" 开始，以 "}" 结束，大括号必不可少。

JSON 格式的 JavaScript 对象有两种创建方式：第一种是直接在 JavaScript 代码中创建；另外一种是通过 eval()函数把 JSON 格式的字符串解析成 JavaScript 对象。

(1) 创建 JSON 格式的对象。

【示例 6.16】 演示创建 JSON 格式的对象。

创建一个名为 JsonEG.html 的页面，其代码如下：

```html
<html>
<head>
    <title>创建 JSON 格式的对象</title>
    <script language="javascript">
        var user = {
                name:"张三",
                age:23,
                address:
                {
                        city:"青岛",zip:"266071"
                },
                email:"iteacher@tech-yj.com",
                showInfo:function(){
                        document.write("姓名：" + this.name + "<br/>");
                        document.write("年龄："+ this.age + "<br/>");
```

```
                            document.write("地址: "+ this.address.city
                                    + "<br/>");
                            document.write("邮编: " + this.address.zip
                                    + "<br/>");
                            document.write("E-mail: " + this.email
                                    + "<br/>");
                        }
                };
                user.showInfo();
        </script>
</head>
<body></body>
</html>
```

上述代码中，使用 JSON 方式创建了一个 JSON 格式的 JavaScript 对象，然后把该对象赋予变量 user。该 JSON 格式的对象共有四个属性和一个名为 showInfo() 的方法，其中的 address 属性值也是一个 JSON 格式的对象。代码中的 this 用于指代当前 JSON 对象。

使用 Chrome 浏览器查看该 HTML 网页，在页面上输出的结果如图 6-11 所示。

图 6-11 使用 JSON 方式创建对象演示

(2) 使用 eval() 函数解析 JSON 格式的字符串。

【示例 6.17】 通过使用 eval() 函数，把 JSON 格式的字符串解析成 JavaScript 对象。创建一个名为 JsonStrEG.html 的页面，其代码如下：

```
<html>
<head>
    <title>使用eval()函数解析JSON格式的字符串</title>
    <script language="javascript">
        var user = '{name:"张三",age:23,'
                    + 'address:{city:"青岛",zip:"266071"},'
```

```
                                + 'email:" iteacher@tech-yj.com ",'
                                + 'showInfo:function(){'
                                + 'document.write("姓名： " + this.name + "<br/>");'
                                + 'document.write("年龄： " + this.age + "<br/>");'
                                + 'document.write("地址： " + this.address.city + "<br/>");'
                                + 'document.write("邮编： " + this.address.zip+ "<br/>");'
                                + 'document.write("E-mail： " + this.email + "<br/>");} }';
                var u = eval('('+user+')');
                u.showInfo();
        </script>
</head>
<body></body>
</html>
```

　　上述代码把 JsonEG.html 中的 JSON 格式对象改造成了字符串的形式(即 user 变量是一个 JSON 格式的字符串)，然后使用 eval()函数把该字符串解析成了 JavaScript 对象，并调用其 showInfo()方法。其运行结果与 JsonEG.html 的运行结果完全相同。

　　在 Ajax 技术中(见《Java Web 程序设计》)，使用 eval()函数解析 JSON 格式字符串的方式得到十分广泛的应用。在 eval()函数的参数中加上一对圆括号的目的，是把字符串强制转换为普通的 JavaScript 对象，而如果被解析的字符串是数组格式，由于数组是一种 JavaScript 对象，则不必使用圆括号。

2. 构造函数方式

　　编写一个构造函数，再通过 new 来调用构造函数，也可以创建对象。构造函数可以带有参数，其语法格式如下：

```
function funcName() {
        this.property = value;
        ......其他属性;
        this.methodName = function() {......};
        ......其他方法
}
```

其中：
  ◇ 构造函数 funcName 内的属性(property)或方法(methodName)前必须加上 this 关键字。
  ◇ 函数体内的内容与值需要用等号 "=" 分隔，且成对出现。
  ◇ 构造函数包含的变量、属性或者方法之间以分号 ";" 分隔。
  ◇ 方法需要写在构造函数体之内。

　　【示例 6.18】 演示通过构造函数的方式来创建 JavaScript 对象。
　　创建一个名为 ConstructorEG.html 的页面，其代码如下：

```
<html>
<head>
    <title>通过构造函数的方式创建对象</title>
    <script language="javascript">
        function User(){
            this.name = "张三";
            this.age = 23;
            this.address =
            {
                city:"青岛",zip:"266071"
            };
            this.email = "iteacher@tech-yj.com";
            this.showInfo = function(){
                document.write("姓名： "+this.name+"<br/>");
                document.write("年龄： "+this.age+"<br/>");
                document.write("地址： "+this.address.city+"<br/>");
                document.write("邮编： "+this.address.zip+"<br/>");
                document.write("E-mail： "+this.email+"<br/>");
            }
        };
        var user = new User();        //利用构造函数创建 User 对象
        user.showInfo();
    </script>
</head>
<body></body>
</html>
```

上述代码中，创建了一个名为 User 的构造函数，其中包括四个属性和一个方法，与 JsonEG.html 中的代码类似；然后通过 new 调用构造函数的方式，创建了一个名为 user 的 User 类型对象，最后调用 showInfo()方法打印相关信息。运行结果与 JsonEG.html 中的相同。

3. 原型方式

通过原型的方式也可以创建对象，原型的语法格式在前面已经讲解，不再赘述。

【示例 6.19】 演示通过原型的方式来创建 JavaScript 对象。

创建一个名为 PrototypeEG.html 的页面，其代码如下：

```
<html>
<head>
    <title>原型方式创建对象</title>
    <script language="javascript">
        function User(){
```

```
        };
        User.prototype.name = "张三";
        User.prototype.age = 23;
        User.prototype.address =
        {
                city:"青岛",zip:"266071"
        };
        User.prototype.email = "iteacher@tech-yj.com";
        User.prototype.showInfo = function(){
                document.write("姓名：  "+this.name+"<br/>");
                document.write("年龄：  "+this.age+"<br/>");
                document.write("地址：  "+this.address.city+"<br/>");
                document.write("邮编：  "+this.address.zip+"<br/>");
                document.write("E-mail：  "+this.email+"<br/>");
        }
        var user = new User();
        user.showInfo();
    </script>
</head>
<body></body>
</html>
```

上述代码中，首先创建了一个空的构造函数，然后通过原型的方式添加了属性和方法，其运行结果与 JsonEG.html 中的相同。

4. 混合方式

在实际应用中，通常采用构造函数和原型两者混合的方式来创建 JavaScript 对象。因为如果只采用构造函数，那么每创建一个新对象都会创建一次内部的方法。例如，在示例 6.18 中，每创建一个 User 对象都要创建一次 showInfo()方法；而如果只采用原型方式，因为构造函数没有属性和方法，当属性为对象时，所有被创建对象的对象类型(object)属性值都相同。例如，在 PrototypeEG.html 中创建一个新的对象 user1，代码如下：

```
<script language="javascript">
......
        var user = new User();
        var user1 = new User();
        user1.name="李四";
        user1.address.city="济南";
        user.showInfo();
        user1.showInfo();
</script>
```

上述代码运行结果如图 6-12 所示。

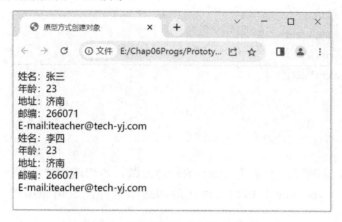

图 6-12　使用原型方式创建对象演示

由此可见，在使用原型方式创建对象时，其对象类型的属性值对于每个对象而言都是相同的。

由于构造函数方式和原型方式在创建对象时都有缺点，所以在实际应用中通常采用两种方式的结合——混合方式来创建对象。

【示例 6.20】　演示通过混合方式来创建 JavaScript 对象。

创建一个名为 CompositeEG.html 的页面，其代码如下：

```html
<html>
<head>
    <title>混合方式创建对象</title>
    <script language="javascript">
        function User(name,age,email){
            this.name = name;
            this.age = age;
            this.email = email;
            this.address =
            {
                    city:"青岛",zip:"266071"
            };
        };
        User.prototype.showInfo = function(){
            document.write("姓名："+this.name+"<br/>");
            document.write("年龄："+this.age+"<br/>");
            document.write("地址："+this.address.city+"<br/>");
            document.write("邮编："+this.address.zip+"<br/>");
            document.write("E-mail："+this.email+"<br/>");
        }
        var user1 = new User("张三",23,"zhangsan@163.com");
```

```
                var user2 = new User("李四",24,"lisi@163.com");
                user2.address.city="济南";
                user2.address.zip = "123456";
                user1.showInfo();
                user2.showInfo();
        </script>
</head>
<body></body>
</html>
```

上述代码中，创建了一个名为 User 的构造函数，该构造函数带有三个参数，分别用于初始化 name、age、email 属性；而在该构造函数外，利用原型的方式创建了名为 showInfo()的方法。

使用 Chrome 浏览器查看该 HTML 网页，输出结果如图 6-13 所示。

图 6-13　使用混合方式创建对象演示

上面依次讲解了 JavaScript 对象的四种创建方法，示例特意采用了类似的代码结构，以便于读者进行对比分析。

6.3　ES6 新增特性

ES 全称 ECMAScript，是标准化组织 ECMA 制定的标准化 JavaScript 语言。从 1997 年 ES1.0 发布开始，ES 经历了一系列版本更新，目前已经更新到了 ES13。其中，ES6 于 2015 年发布，是在 ES5 发布近 6 年(2009-11 至 2015-6)之后才诞生。由于这两个版本之间时间跨度很大，所以 ES6 中的新增特性比较多，是 ES5 之后变动最大的一个版本，也是目前大多数浏览器依旧在使用的版本。ES6 克服了 ES5 的先天不足，在语法上更加简洁规范，功能更加强大，有利于提升开发效率、增加代码安全。

在 ES6 的新增特性中，使用频率比较高的主要有 let 和 const 命令、解构赋值、箭头函数、数组扩展等。

6.3.1　let 和 const 命令

在 ES6 版本以前，JavaScript 变量的声明一直使用 var 命令，ES6 版本之后增加了 let 命令和 const 命令。

1. let 命令

let 的用法类似于 var，但与 var 不同的是，let 命令所声明的变量，只在 let 命令所在的代码块内有效，称为块级变量。也就是说，let 实际上为 JavaScript 新增了块级作用域。而在 ES6 之前，使用 var 声明的变量只有全局作用域和函数作用域，并无块级作用域。

【示例 6.21】　演示 let 变量的基本用法。

创建一个名为 LetVariableEG1.html 的页面，其代码如下：

```html
<html>
<head>
    <title>let 变量基本用法</title>
    <script type="text/javascript">
        { //块级作用域
            var var_x=2;//使用 var 命令声明一个全局变量
            let let_y = 3;//使用 let 命令声明一个块级变量
            document.write("在代码块内部 var_x=" +var_x);
            document.write("<br>");
            document.write("在代码块内部 let_y=" +let_y);
            document.write("<br>");
        }
        document.write("在代码块外部 var_x=" +var_x);
        document.write("<br>");
        document.write("在代码块外部 let_y=" +let_y);
    </script>
</head>
<body>
</body>
</html>
```

上述代码中，在代码块{}内使用 var 命令和 let 命令声明了变量 var_x 和 let_y，并通过 doucment.write()方法分别在代码块内外输出变量的值。

使用 Chrome 浏览器查看该 HTML 网页，结果如图 6-14 所示。

通过运行结果可以看出，在代码块外部 var_x 可用，但 let_y 不可用。如果使用 Chrome 浏览器的【开发人员工具】调试代码，会发现在代码块外部访问 let_y 时，会抛出 ReferenceError 错误，说明 let_y 只在定义它的代码块内有效。

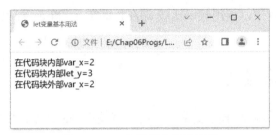

图 6-14 let 变量基本用法演示

let 命令和 var 命令的主要区别如下：

(1) 不存在变量提升。

var 命令会发生"变量提升"现象，即变量可以在声明之前使用，值为 undefined。这不符合一般的逻辑，一般逻辑应该是"先声明后使用"。为此，let 命令改变了语法行为，它所声明的变量一定要在声明后使用，否则会报错。

【示例 6.22】 演示 let 变量不存在变量提升。

创建一个名为 LetVariableEG2.html 的页面，其代码如下：

```
<html>
<head>
   <title>let 变量不存在变量提升</title>
   <script type="text/javascript">
      {
          document.write("在代码块内部 var_x=" +var_x+"<br>");
          document.write("在代码块内部 let_y=" +let_y+"<br>");
          var var_x=2;//使用 var 命令声明一个全局变量
          let let_y = 3;//使用 let 命令声明一个块级变量
      }
   </script>
</head>
<body>
</body>
</html>
```

上述代码中，在代码块{}内使用 var 命令和 let 命令分别声明了变量 var_x 和 let_y，并在声明之前通过 doucment.write()方法在代码块内输出变量的值。

使用 Chrome 浏览器查看该 HTML 网页，结果如图 6-15 所示。

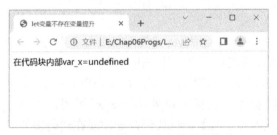

图 6-15 let 变量不存在变量提升演示

通过运行结果可以看出，var_x 提升到了代码块的顶部，其值为 undefined，但 let_y 不可用。如果使用 Chrome 浏览器的【开发人员工具】调试代码，会发现在访问 let_y 时，抛出 ReferenceError 错误，说明 let_y 在声明之前不可用，即说明 let 变量不存在"变量提升"现象。

let 变量的作用域是从声明语句开始到代码块结束之间的区域。代码块开始到声明语句之前的区域，let 变量都是不可用的，这片区域称为"暂时性死区"。

(2) 不允许重复声明。

使用 var 可以多次声明同一个变量，若该变量之前有值，那么重复声明就相当于对该变量重新赋值。这也不符合一般的逻辑，因为严格地说，一个变量被声明一次之后，后面便只能对它修改而不是声明。因此，let 不允许在相同作用域内重复声明同一个变量。

【示例 6.23】 演示 let 变量不允许重复声明。

创建一个名为 LetVariableEG3.html 的页面，其代码如下：

```html
<html>
<head>
    <title>let 变量不能重复声明</title>
    <script type="text/javascript">
        {
            var var_x=1;//使用 var 命令声明变量 var_x
            document.write("首次定义的 var_x 的值为: " +var_x+"<br>");
            var var_x=2;//使用 var 命令再次声明变量 var_x
            document.write("再次定义的 var_x 的值为: " +var_x+"<br>");
            let let_y = 3;//使用 let 命令声明变量 let_y
            document.write("首次定义的 let_y 的值为: " +let_y+"<br>");
            //let let_y = 4;//使用 let 命令再次声明变量 let_y
            //document.write("再次定义的 let_y 的值为: " +let_y+"<br>");
        }
    </script>
</head>
<body>
</body>
</html>
```

上述代码中，在代码块{}内分别使用 var 命令和 let 命令重复定义了两个变量 var_x 和 let_y。若不将 let_y 的重复声明注释掉，则代码报错；但若将 let_y 的重复声明注释掉，则代码运行结果如图 6-16 所示。

由此说明，在同一作用域内，var 变量允许重复声明，而 let 变量不允许重复

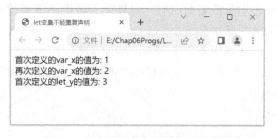

图 6-16　let 变量不允许重复声明演示

声明。

2. const 命令

const 声明一个只读常量，一旦声明，常量的值就不能改变，这意味着 const 变量在声明时就需要赋值。跟 let 一样，const 也是块级作用域；也不存在变量提升，只能先声明再使用；在同一个代码块内，也不允许重复声明。

【示例 6.24】 演示简单的 const 常量值不能改变。

创建一个名为 ConstVariableEG1.html 的页面，其代码如下：

```html
<html>
<head>
  <title>简单的 const 常量值不能改变</title>
  <script type="text/javascript">
    const PI=3.1415;
    document.write("PI=" +PI+"<br>");
    PI=3;
    document.write("重新赋值后:PI="+PI+"<br>");
  </script>
</head>
<body>
</body>
</html>
```

上述代码中使用 const 声明了一个常量 PI，并试图修改其值。

使用 Chrome 浏览器查看该 HTML，结果如图 6-17 所示，重新赋值后的 PI 值不可用。

使用 Chrome 浏览器的【开发人员工具】调试代码，发现语句"PI=3"报错，表明 const 常量的值不可改变。

图 6-17　简单 const 常量演示

const 实际上限定的是变量所占内存中的数据。对于对象和数组这样的复合类型的数据，变量所占内存中保存的只是一个指向实际数据的指针，也就是实际数据的地址。因此 const 只能限定实际数据的地址，但不能限定实际数据的内容。这也导致当 const 声明的是一个对象或者数组时，对象或者数组的成员值是可以修改的，因此将一个对象或数组声明为常量必须非常小心。

【示例 6.25】 演示 const 数组。

创建一个名为 ConstVariableEG1.html 的页面，其代码如下：

```html
<html>
<head>
  <title>const 数组的值可以改变</title>
  <script type="text/javascript">
```

```
        const array=['a','b','c'];
        array.push('d');
        array.length=4;
        document.write("数组内容为：  " +array+"<br>");
        document.write("数组长度为：  " +array.length+"<br>");
        array=new Array(1,2,3);   //报错
        document.write("数组新内容为：  " +array+"<br>");
    </script>
</head>
<body>
</body>
</html>
```

上述代码中使用 const 声明了一个数组常量 array，并试图修改其值和其指向。

使用 Chrome 浏览器查看该 HTML，结果如图 6-18 所示，只输出了 array 指向改变之前的数组内容。可见 array 的值可以被修改，但 array 的指向不能被修改。

图 6-18　const 数组演示

使用 Chrome 浏览器的【开发人员工具】调试代码，会发现语句 "array=new Array(1,2,3);" 报错。

6.3.2　解构赋值

ES6 允许按照一定模式，从数组和对象中提取值，来对变量进行赋值，这被称为解构 (Destructuring)。解构赋值是对赋值运算符的扩展，在代码书写上简洁且易读，语义更加清晰明了，也方便获取复杂对象中的数据字段。

1. 数组的解构赋值

数组的解构赋值是指数组中的值会自动被解析到对应接收该值的变量中。例如：

```
let [a, b, c] = [1, 2, 3]; // a = 1，b = 2，c = 3
```

上述代码从数组[1, 2, 3]中提取值，按照对应位置，分别对变量 a、b 和 c 赋值。

本质上，这种写法属于"模式匹配"，即只要等号两边的模式相同，左边的变量就会被赋予对应的值。例如：

```
let [a, [b], c]] = [1, [[2], 3]]; // a = 1, b = 2, c = 3
let [x, , y] = [1, 2, 3]; // x= 1，y = 3
let [head, ...tail] = [1, 2, 3, 4]; //head=1, tail = [2, 3, 4]
```

数组的解构赋值需要一一对应，如果对应不上，变量的值就等于 undefined。例如：

```
let [x, y, ...z] = ['a']; //x ="a",  y = undefined, z =[]
```

2. 对象的解构赋值

对象的解构赋值与数组的解构赋值类似，但又有不同。不同之处在于：数组的元素是有序的，变量的取值由它的位置决定；而对象的属性则是无序的，变量的取值由同名属性决定，与变量的位置无关，如果变量没有对应的同名属性，则解构失败，变量的值等于 undefined。例如：

```
let { a, b } = { a: '123', b: '456' }; // a = '123' , b = '456'
```

```
let { b, a } = { a: '123', b: '456' }; // a = '123' , b = '456'
```

```
let { c } = { a: '123', b: '456' }; // c = undefined
```

上述代码第一行，等号左边的两个变量取到了等号右边两个同名属性的值；代码第二行等号左边的两个变量的次序与等号右边两个同名属性的次序不一致，但对取值完全没有影响；代码第三行的变量没有对应的同名属性，导致取不到值，最后等于 undefined。

6.3.3 箭头函数

ES6 中，允许使用"箭头"(=>)来定义函数。箭头函数相当于匿名函数，并且简化了函数定义，其语法格式如下：

```
(形参)=>{......}
```

其中，=>前的部分是函数的参数部分，=>后的部分是函数体。

=>前的部分主要有以下几种情况：

(1) 参数为空。语法格式为：

```
()=>  //写一个空括号即可
```

例如：

```
var f = () => {return 5}; //等同于 var f = function () { return 5 };
```

(2) 只有一个参数 a。语法格式为：

```
(a)=> 或者 a=>  //只写 a 或者在 a 外加一个括号
```

例如：

```
var f = a => {return a};  //等同于 var f = function (a) { return a };
```

(3) 有多个参数 a，b，c，d。语法格式为：

```
(a,b,c,d)=>  //参数必须写在括号里
```

例如：

```
var sum = (num1, num2) => {return num1 + num2;}
```

上述代码等同于：

```
var sum = function (num1, num2) {
    return num1 + num2;
};
```

=>后的部分主要有以下几种情况：

(1) 函数体只有一条语句。语法格式为：

```
=>语句; 或者=>{语句};
```

如果这条语句是"return value；"，可以直接写作 value。在箭头函数执行时，会自动将其作为返回值返回。例如：

```
var f = () => 5;  //等同于 var f = function () { return 5 };
```

（2）如果 value 是一个对象，则要在对象外面加上一个括号，如({value})。否则"{"会被认为是函数体的开始，而不会被认为是一个对象的开始。例如：

```
let f = id => { id: id, name: "Temp" };//报错
let f = id => ({ id: id, name: "Temp" });//不报错
```

6.3.4　数组的扩展

ES6 对于数组又扩展了很多方法，使得对数组的操作更加方便。下面列举几种常用的数组扩展方法。

1. 扩展运算符

扩展运算符是三个点(...)，用于将一个数组转为用逗号分隔的参数顺序。例如：

```
console.log(...[1,2,3]);  // 1, 2, 3
console.log(a,...[b,c,d],e);  // a, b, c, d, e
```

2. Array.from()

Array.from()方法用于将类数组对象转为真正的数组。例如：

```
var arr = Array.from('hello'); //arr=["h", "e", "l", "l", "o"]
```

3. Array.of()

Array.of 方法用于将一组数值转为数组。例如：

```
var arr = Array.of(3,11,8);  //arr=[3, 11, 8]
```

4. 数组实例上的方法：find()、findIndex()、findLast()、findLastIndex()

（1）find()方法。

find()方法用于找出第一个符合条件的数组元素，其参数是一个回调函数，所有数组元素从头开始依次执行该函数。在回调函数中写明待查找元素的条件，当条件成立时返回该元素，之后的元素不会再执行该函数；如果没有符合条件的元素，则返回值为undefined。例如：

```
let a = [1,2,-3,4].find((n)=> n <0)  //a=-3
```

上述代码在数组[1,2,-3,4]中从前往后查找元素值小于 0 的元素，找到第一个后立即返回，不再继续往下执行。返回的结果为查找到的元素的值-3。

（2）findIndex()方法。

findIndex()方法与 find()方法类似，区别在于它返回的是第一个符合条件的数组元素的位置，而不是返回数组元素的值。如果所有成员都不符合条件，则返回-1。例如：

```
let a = [1,2,-3,4].find((n)=> n <0)  //返回位置值为 2
```

（3）findLast()方法。

findLast()方法也与 find()方法类似，区别在于它是按照从尾到头的顺序搜索数组。例如：

```
let a = [1,2,3,4].find((n)=> n <3)   //a=1
```

上述代码在数组[1,2,3,4]中从后往前查找元素值小于 3 的元素，找到第一个后立即返回，不再继续往下执行。返回的结果为查找到的元素的值 2。

(4) findLastIndex()方法。

findLastIndex()方法与 findLast()方法类似，区别在于它返回的是第一个符合条件的数组元素的位置，而不是数组元素的值。如果所有成员都不符合条件，则返回-1。例如：

```
let a = [1,2,3,4].find((n)=> n>5)   // //返回位置值为 2
```

5. 数组实例上的方法：fill()

fill()方法使用给定值填充一个数组。例如：

```
new Array(3).fill(7);   //arr=[7,7,7]
var arr = ['a','b','c'].fill(7);   //arr=[7,7,7]
```

上述代码表明，fill()方法用于空数组的初始化非常方便。当数组中元素有值时，已有的值会被全部覆盖。

6. 数组实例上的方法：flat()、map()、flatmap()

(1) flat()方法。

flat()方法用于展平数组，默认展平 1 层，传入参数 n 则展平 n 层，返回展平后的数组，不改变原数组。例如：

```
const arr1 = [1, 2, [3, 4], 5];
arr1.flat(); // [1, 2, 3, 4, 5]
```

上述代码中，原数组的成员里面有一个数组，使用 flat()方法可以将子数组的成员取出来，添加在原来的位置：

```
[1, 2, [3, [4, 5]]].flat(); // [1, 2, 3, [4, 5]]
[1, 2, [3, [4, 5]]].flat(2) ; // [1, 2, 3, 4, 5]
```

上述代码表明，flat()方法默认展平 1 层，传入参数 2 则展平 2 层。

(2) map()方法。

map()方法对原数组中的每个元素执行参数所提供的函数，得到元素个数相同的一个新数组，不改变原数组。例如：

```
const numbers = [1, 2, 3];
const doubled = numbers.map(n => n * 2);   //doubled=[1,4,6]
```

上面代码将 numbers 数组映射到一个新的数组 doubled，其中每个数字都被翻倍。

(3) 数组实例的 flatmap()方法。

flatmap()方法将 map()方法和 flat()方法结合在一起，先对原数组的每个元素执行参数所提供的函数，然后对返回值组成的数组执行 flat()方法，得到一个元素个数大于或等于原数组的新数组，不改变原数组。另外，flatmap()只能展开一层数组。

例如：

```
[1, 2, 3].flatMap(n => [n, n * 2]) ; //   [1, 2, 2, 4, 3, 6]
```

上述代码中，flatmap()方法先将原数组中的成员使用函数 n => [n, n * 2]一一映射成为数组[1, 2], [2, 4], [3, 6]，然后再将映射后得到的数组展平。

又如：

```
[1, 2, 3].flatMap(n => [[n * 2]]); // [ [2], [4], [6]], 相当于 [].flat()
```

上述代码中，flatmap()方法先将原数组中的成员使用函数 n => [[n * 2]]一一映射成为 [[2]], [[4]], [[6]]，然后展平。因为默认只能展开一层，因此 flatmap()返回的还是一个嵌套数组。

本 章 小 结

通过本章的学习，读者应当了解：

✧　JavaScript 对象是由属性和方法构成的。

✧　常用的 JavaScript 对象有数组对象(Array)、字符串对象(String)、日期对象 (Date)和数学对象(Math)等。

✧　数组是常用的一种数据结构，可用来存储一系列的数据。

✧　字符串对象封装了一个字符串类型的值，并且提供了相应的操作字符串的方法。

✧　日期对象可用来获取系统时间，并设置新的时间。

✧　数学对象提供了一些用于数学运算的属性和方法。

✧　根据 JavaScript 的对象扩展机制，用户可以自定义 JavaScript 对象。

✧　原型(prototype)是一种创建对象属性和方法的方式，所有的 JavaScript 对象都拥有只读的 prototype 属性。

✧　JSON(JavaScript Object Notation)是一种轻量级的数据交换格式，非常适合用于服务器与 JavaScript 之间的数据交互。

✧　对象的创建主要有四种方式：JSON 方式、构造函数方式、原型方式和混合方式。

✧　为了使语法更加简洁规范，在 ES6 中新增很多特性，如 let 和 const 命令、解构赋值、箭头函数、数组扩展等。

本 章 练 习

1．可以填入下列代码空白处的是_____。(多选)

```
<script>
    _____
    a[10] = 100;
</script>
```

A．var a = new Array();　　　　　　B．var a = new Array(10);

C．var a = new Array(11);　　　　　　D．var a = [1,2,3];

2．下列代码的输出结果是_____。

```
<script>
    var a = new Array();
    document.write(a.length);
```

```
    a[1] = 1;
    document.write(a.length);
    a = [1, 2, 3, 4,];
    document.write(a.length);
</script>
```

    A．014   B．024   C．025   D．运行错误

3．下列代码中能够以"1949年10月1日"的格式输出当前日期的是_____。

A．var d = new Date();

    document.write(d.getFullYear() + "年"   + d.getMonth() + "月"
                 + d.getDate() + "日");

B．var d = new Date();

    document.write(d.getFullYear() + "年" + d.getMonth() + 1 + "月"
                 + d.getDay() + "日");

C．var d = new Date();

    document.write(d.getFullYear() + "年" + (d.getMonth() + 1) + "月"
                 + d.getDay() + "日");

D．var d = new Date();

    document.write(d.getFullYear() + "年" + (d.getMonth() + 1) + "月"
                 + d.getDate() + "日");

4．下面正确的一项是_____。

A．let {foo} = {bar: 'bar'};

B．let {foo: {bar}} = {bar: 'bar'};

C．let {foo, bar} = {foo: 'aaa', bar: 'bbb'};

D．let {foo: baz} = {foo: 'aaa', bar: 'bbb'};

5．写一个函数判断字符串是否是回文字符串。回文是指颠倒以后与原来一样的字符串，如"abcdcba"颠倒以后和原来一样，所以是回文。

6．创建一个表示学生的自定义对象，要求包含学号、姓名、性别、生日的属性，以及上课、上自习、考试的方法。

7．简述 var 和 let 的区别。

8．简述箭头函数的特点。

9．举例说明数组实例上的 flat()方法、map()方法和 flatmap()方法的用法。

第 7 章　DOM 和 BOM 编程

本章目标

■ 理解事件的概念

■ 掌握常用事件的使用

■ 掌握 Document 对象属性和方法的使用

■ 理解 BOM 的概念和结构组成

■ 掌握 Window 对象属性、方法及事件的使用

■ 了解其他 BOM 对象的常用属性、方法及事件

■ 掌握表单对象属性、方法及事件的使用

7.1 事 件

用户在网页上执行操作时会触发各种事件，通过创建事件的处理程序，可以提高网页的交互性。JavaScript 语言是一种事件驱动的编程语言，事件是 JavaScript 程序处理并响应用户动作的唯一途径。通过建立事件与 JavaScript 脚本的一一对应关系，把用户输入状态的改变准确地传给脚本，并予以处理，然后把结果反馈给用户，就实现了一个周期的交互过程。

JavaScript 对事件的处理分为定义事件和编写事件脚本两个阶段，可以定义的事件类型几乎影响到 HTML 的每一个元素，如浏览器窗口、窗体文档、图形、链接等。常用的事件列表如表 7-1 所示。

表 7-1 常用事件列表

事件	说 明	事件	说 明
onAbort	用户中断图形装载	onMousemove	鼠标移动
onBlur	元素失去焦点	onMouseover	鼠标移过元素上方
onChange	元素内容发生改变，如文本域中的文本和选择框的状态	onMouseout	鼠标从元素上方移开
onClick	单击鼠标按钮或键盘按键	onMousedown	鼠标按键按下
onDragdrop	浏览器外的物体被拖到浏览器中	onMouseup	鼠标按键抬起
onError	元素装载发生错误	onMove	帧或者窗体移动
onFocus	元素得到焦点	onReset	表单内容复位
onKeydown	用户按下一个键	onResize	元素大小属性发生改变
onKeypress	用户按住一个键不放	onSubmit	表单提交
onKeyup	用户将按下的键抬起	onSelect	元素选中的内容发生改变，如文本域中的文本和下拉选单中的选项
onLoad	元素装载	onUnload	窗口被卸载，也就是离开当前浏览窗口时

7.2 DOM 编 程

DOM(Document Object Model，文档对象模型)提供了一套操作页面元素的 API。通过 DOM API，编程人员可以轻松地控制页面的内容和结构。

7.2.1 DOM 概述

1998 年，W3C 发布了第一级的 DOM 规范。这个规范允许访问和操作 HTML 页面中每一个单独的元素，已被所有的浏览器执行。DOM 可以被 JavaScript 用来读取或改变 HTML、XML 文档。

根据 W3C(万维网联盟)的 DOM 规范，DOM 具有以下几点特性：

(1)   DOM 是一种与浏览器、平台、语言无关的接口，编程人员通过 DOM 可以访问页面中其他的标准组件。

(2)   DOM 解决了 Netscape 的 JavaScript 和 Microsoft 的 JavaScript 之间的冲突，给予 Web 设计师和开发者一个标准的方法，让其访问站点中的数据、脚本和表现层对象。

(3)   DOM 是以层次结构组织的节点或信息片段的集合。DOM 呈现为一种树形结构，开发人员可在节点树中导航寻找特定信息。解析该结构通常需要加载整个页面文档，解析完毕后才能够操作节点。

下面以一个简单的 HTML 文档为例，绘制其对应的 DOM 模型树结构。

```
<html>
<head>
   <title>一个简单的HTML文档</title>
</head>
<body>
   <h1>一级标题</h1>
   <div id="div1">块内容</div>
</body>
</html>
```

上述 HTML 文档对应的 DOM 树如图 7-1 所示。

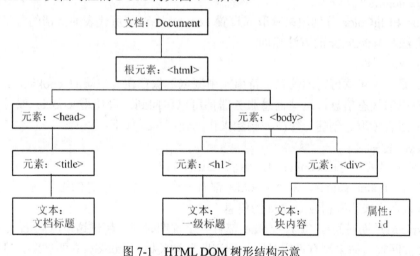

图 7-1   HTML DOM 树形结构示意

7.2.2   Document 对象

在 DOM 中，Document 节点位于最顶层，是所有节点的祖先节点，该节点对应着浏览器窗口中显示的整个 HTML 文档，是操作其他节点的入口。一个 Document 节点就是一个 Document 对象。每个载入浏览器的 HTML 文档都会成为 Document 对象。运用 Document 对象的属性或方法，编程人员可在 JavaScript 脚本中对 HTML 页面中的所有元素进行访问。

1. Document 对象的属性

Document 对象的主要属性及说明如表 7-2 所示。

表 7-2　Document 对象的属性

属性名	说　　　明
bgColor	设置或获取文档的背景颜色
fgColor	设置或获取文档的前景(文本)颜色
linkColor	设置或获取文档中超链接的颜色
body	提供对<body>元素的直接访问
cookie	设置或返回与当前文档有关的所有 cookie
domain	返回当前文档的域名
lastModified	返回文档被最后修改的日期和时间
referrer	返回载入当前文档的 URL
title	返回当前文档的标题
URL	返回当前文档的 URL

下面重点介绍 Document 对象中的一些常用属性。

(1) linkColor、bgColor 和 fgColor 属性。

linkColor 用于设置或获取当前文档中超链接显示的颜色，使用格式如下：

```
document.linkcolor="red"
```

bgColor 和 fgColor 分别用来获取或设置 document 对象所代表的文档的背景和前景颜色，使用方法和 linkColor 的方法相同。

(2) cookie 属性。

cookie 是一段可读可写的信息字符串，由浏览器保存在客户端的 cookies 文件中。它包含了客户机的状态信息，这些信息服务器都可以访问到。可使用 cookie 属性对当前文档的 cookie 进行读取、创建、修改和删除操作，使用格式如下：

```
document.cookie=sCookie
```

其中，sCookie 是要保存的 cookie 值，由以下几部分组成：

◇ 键值对(name-value)。每个 cookie 都有一个包含名字信息的键值对。可以搜索该名字来读取相应 cookie 的信息。

◇ expires(过期时间)。每个 cookie 都有一个过期时间，超过这个时间 cookie 就会被回收。如果没有设定时间，则浏览器被关掉后 cookie 立即过期。过期时间是 UTC(格林尼治)时间格式，可用 Date.toGMTString()方法来创建此格式的时间。

◇ domain(域)。每个 cookie 可以包含域(此处可以理解为域名)，域负责告知浏览器哪个域的 cookie 应被送交。如果不指定域，则域值就是设定此 cookie 的页面的域。

◇ path(路径)。路径是标识 cookie 可活动的目录。如果想要 cookie 只在/test 目录下的页面有效，就把路径设置为"/test"。通常路径被设置为"/"，即整个域下都有效。

【示例 7.1】统计用户访问当前页面的次数。

创建一个名为 CookieEG.html 的页面，其代码如下：

```
<!DOCTYPE html>
<html>
<head>
    <meta charset="utf-8">
    <title>统计用户访问次数</title>
</head>
<body>
    <script type="text/javascript">
        //设置 Cookie
        function setCookie(name,value,expires,path,domain)
        {
            //当前 cookie，并对 value 进行编码
            var currentCookie = name+"="+escape(value);
            //过期时间
            var expDate = (expires ==null)?":
                            (';expires='+expires.toGMTString());
            //路径
            var cPath    = (path ==null)?":(';path='+path);
            //域名
            var cDomain = (domain ==null)?":(';domain='+domain);
            //设定 cookie 值
            currentCookie = currentCookie+expDate+cPath+cDomain;
            if(currentCookie.length<=4000)
            {
                document.cookie = currentCookie;
            }else if(confirm("cookie 最大为 4K，当前值将要被截断"))
            {
                document.cookie = currentCookie;
            }
        }
        //根据名称获取 Cookie 的 value
        function getCookie(name)
        {
            //设定前缀
            var prefix = name+"=";
            var startIndex = document.cookie.indexOf(prefix);
            if(startIndex == -1)
            {
```

```
                    return null;
                    }
                    //按照字符串格式，查找第一次出现";"的位置
                    var endIndex = document.cookie.indexOf(";",
                            startIndex+prefix.length);
                    if(endIndex == -1)
                    {
                    endIndex = document.cookie.length;
                    }
                    //得到 name 对应的 value 值
        var value = document.cookie.substring(startIndex+prefix.length,
                            endIndex);
                    //进行解码后，返回该值
                    return unescape(value);
            }
            //访问次数
            var visits = getCookie("counter");
            if(!visits)
            {
                    visits = 1;
            }else
            {
                    visits=parseInt(visits)+1;
            }
            var now = new Date();
            //设置过期时间为 2 天
            now.setTime(now.getTime()+2*24*60*60*1000);
            //设置 cookie
            setCookie("counter",visits,now);
            //打印次数
            document.write("<font size='5'>Welcome，您是第" + visits
                    + "次访问本站！</font>");
            </script>
</body>
</html>
```

上述代码中，定义了两个函数 setCookie()和 getCookie()。其中，setCookie()根据给定
的参数设定 cookie；getCookie()用于检索用户的 cookie 信息，通过传递 name 值获得 name
对应的 value 值。

使用 Chrome 浏览器查看该 HTML 网页，并在网页上刷新 28 次，结果如图 7-2 所示。

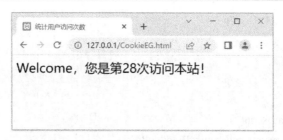

图 7-2　cookie 用法演示

 Chrome 浏览器出于安全考虑只支持 online-cookie，所以在本地测试时不会有效果，需要将示例 HTML 上传到服务器测试。

2．Document 对象的方法

Document 对象的方法众多，主要方法及说明如表 7-3 所示。

表 7-3　Document 对象的方法

方 法 名	说　　明
getElementById()	返回对拥有指定 id 的第一个对象的引用
getElementsByName()	返回带有指定名称的对象集合
getElementsByTagName()	返回带有指定标签名的对象集合
write()	向文档写 HTML 表达式或 JavaScript 代码
writeln()	等同于 write()方法，不同的是在每个表达式之后写一个换行符

（1）write()和 writeln()方法。这两个方法都用于将一个字符串写入当前文档中。如果是一般文本，将在页面中显示；如果是 HTML 标签，将被浏览器解释。两者唯一的区别是 writeln()方法在输出字符串后会自动加入一个回车符。

（2）getElementById()方法。该方法是一种访问页面元素的方法，用于通过元素的 id 访问该元素，在 JavaScript 的代码中应用广泛。

 在操作网页文档的一个特定的元素时，最好给该元素设置一个 id 属性，即在文档中为它指定一个唯一的名称，然后就可以通过 getElementById()方法获得此元素了。

【示例 7.2】演示 getElementById()方法的使用。

创建一个名为 GetElementByIdEG.html 的页面，其代码如下：

```
<!DOCTYPE html>
<html>
<head>
        <meta charset="utf-8">
        <title>getElementById 示例</title>
</head>
<body>
        <input type="text" id="divId"></input>
        <div id="divId">
```

```
            <p>这是第一个 Div</p>
        </div>
        <div id="divId">
            <p>这是第二个 Div</p>
        </div>
        <script type="text/javascript">
            var div = document.getElementById('divId');
            setTimeout(function(){ alert(div.nodeName); },1000);
        </script>
</body>
</html>
```

上述代码中，分别定义了三个 id 均为"divID"的元素，getElementById()方法只返回第一个符合条件的元素。

使用 Chrome 浏览器查看该 HTML 网页，结果如图 7-3 所示。

图 7-3　getElementById()方法演示

(3) getElementsByName(name)方法。该方法用于返回指定名称的元素集合。

【示例 7.3】　演示 getElementsByName()方法的使用。

创建一个名为 GetElementsByNameEG.html 的页面，其代码如下：

```
<!DOCTYPE html>
<html>
<head>
    <meta charset="utf-8">
    <title>getElementsByName 示例</title>
</head>
<body>
    <input type="text" name="text" value="a" /><br/>
    <input type="text" name="text" value="b" /><br/>
    <input type="text" name="text" value="c" /><br/>
    <input type="text" name="text1" value="d" /><br/>
    <script type="text/javascript">
        var text = document.getElementsByName('text');
        document.write("name=text的元素个数为："+text.length);
    </script></script>
```

```
</body>
</html>
```

上述代码中，定义了四个<input>元素，其中三个元素的 name 属性值为"text"，最后一个元素的 name 属性值为"text1"。通过 getElementsByName()方法获得的返回值个数为 3。

使用 Chrome 浏览器查看该 HTML 网页，结果如图 7-4 所示。

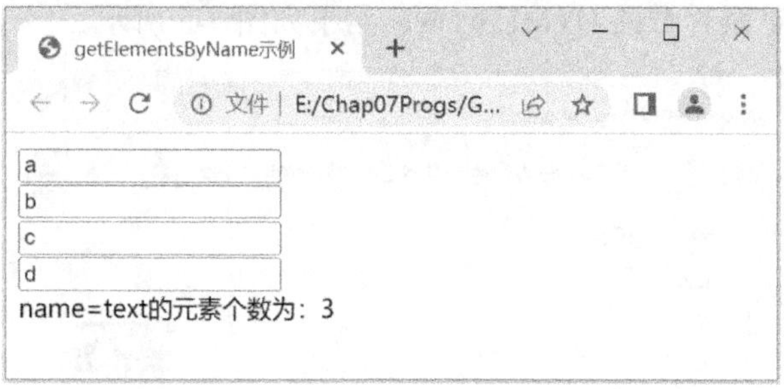

图 7-4　getElementsByName()方法演示

(4) getElementsByTagName(tagName)方法。该方法用于返回指定标签名称(tagName)的标签集合，当参数值为"*"时返回当前页面中所有的标签元素。

【示例 7.4】　演示 getElementsByTagName()方法的使用。

创建一个名为 GetElementsByTagNameEG.html 的页面，其代码如下：

```
<!DOCTYPE html>
<html>
<head>
    <meta charset="utf-8">
    <title>getElementsByTagName 方法示例</title>
    <script type="text/javascript">
        function test()
        {
            //获取 tagName 为 body 的元素
            var myTag = document.getElementsByTagName("body");
            var myBody = myTag.item(0);
            //获取 body 中的 p 元素
            var myBodyTag = myBody.getElementsByTagName("p");
            //获取第 2 个 p 元素
            var myPTag = myBodyTag.item(1);
            //输出 p 元素的值
            setTimeout(function(){ alert(myPTag.firstChild.nodeValue);},1000);
        }
    </script>
</head>
<body onLoad="test();">
```

```
    <p>Hi</p>
    <p>Hello</p>
</body>
</html>
```

上述代码中，通过 getElementsByTagName()方法获取页面中的第 2 个<p>标签并将其内容输出。

使用 Chrome 浏览器查看该 HTML 网页，结果如图 7-5 所示。

图 7-5   getElementsByTagName()方法演示

7.3   BOM   编   程

浏览器除能够显示 HTML 文档的内容之外，还提供了一些用于存放浏览器窗口属性和其他相关信息的对象，被称为浏览器对象。编程人员可以在 JavaScript 脚本中使用浏览器对象与浏览器窗口进行交互。用于描述浏览器对象之间层次关系的模型，称为 BOM(Browser Object Model，浏览器对象模型)。

7.3.1   BOM 结构

BOM 是一个分层结构，它包含一组独立于内容的、可以与浏览器窗口进行交互的浏览器对象，如图 7-6 所示。

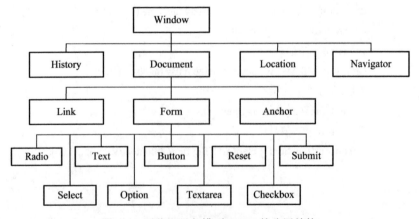

图 7-6   浏览器对象模型(BOM)的分层结构

对于每一个页面，浏览器都会自动创建 Window 对象、Document 对象、Location 对象、Navigator 对象和 History 对象。其中，Window 对象是最顶层的对象，它就是浏览器窗口本身。

(1) Window 对象。Window 对象在分层结构图中位于最高一层，Document 对象、Location 对象和 History 对象都是它的子对象。Window 对象中包含的属性是应用于整个窗口的，如浏览器窗口、内联框架窗口都包含一个 Window 对象。

(2) Document 对象。一个窗口是一个 Window 对象，这个窗口里面的 HTML 文档则是一个 Document 对象。Document 对象在 BOM 层次图中居于最核心的地位。它既是 BOM 顶级对象 Window 的一个子对象，也是 DOM 模型中的顶级对象。Document 对象包含的属性是整个页面的属性，如表单对象、背景颜色、标题等。

(3) Location 对象。Location 对象中包含了当前 URL 地址的信息。

(4) Navigator 对象。Navigator 对象中包含了当前使用的浏览器的信息，其中包括客户端浏览器支持的 MIME 类型信息和所安装的插件信息。

(5) History 对象。History 对象中包含了客户端浏览器过去访问的 URL 地址信息。

在使用上面几个对象时，对象的名称统一使用小写形式。另外值得注意的是，BOM 没有一个明确的规范，所以浏览器提供商会按照各自的想法随意去扩展 BOM，而各浏览器间共有的对象就成为了事实上的标准。不过在利用 BOM 实现具体功能时，要根据实际的开发情况考虑浏览器之间的兼容问题，否则会出现不可预料的情况。

此外，基于这个层次结构，还可以创建其他对象。例如，如果在页面中有一个名为"MyForm"的表单对象，则在 JavaScript 代码中引用 MyForm 对象的方式如下：

```
window.document.MyForm
```

其中，Document 对象是 Window 对象的属性，而 Form 对象是 Document 对象的属性。这样，就可以从最顶层对象开始，一层一层地找到相应的对象。

注意，在 JavaScript 中如果要引用某个对象的属性，必须通过整个对象属性的完整路径来进行引用，即必须指明这个对象属性的所有父对象。例如，在上述名为"MyForm"的表单对象中有一个文本框，名称为"MyTextBox"，如果想要获取这个文本框中用户输入的字符串内容，则必须从最顶层对象即 Window 对象开始引用。引用方式如下：

```
window.document.MyForm.MyTextBox.value
```

Windows 对象、Location 对象、History 对象、Navigator 对象和表单对象均是常用的浏览器对象，通过这些对象可以方便地控制浏览器本身的行为。下面将会逐一介绍这些常用对象及其应用。

7.3.2 Window 对象

在浏览器中，Window 对象是所有对象的根对象，浏览器会在打开一个 HTML 文档时创建一个对应的 Window 对象。但是，如果一个文档定义了一个或多个内联框架(即包含一个或多个 iframe 标签)，浏览器就会为原始文档创建一个 Window 对象，再为每个内联框架创建额外的 Window 对象，而这些额外的对象就成为原始 Window 对象的子对象。

需要注意的是，Window 对象的所有属性和方法都是全局性的。JavaScript 中的所有全局变量都是 Window 对象的属性，所有全局函数都是 Window 对象的方法。

Window 对象是全局对象，所以访问同一个窗口中的属性和方法时，可以省略 window 前缀。例如 window.alert()可以简写为 alert()，window.document.getElementById()可以简写为 document.getElementById()，等等。但如果要跨窗口访问，则必须写上相应窗口的名称(或别名)。

1. Window 对象的属性

Window 对象的主要属性及说明如表 7-4 所示。

表 7-4　Window 对象的属性

属性名	说　　明
name	可读写属性，表示当前窗口的名称
parent	只读属性，如果当前窗口有父窗口，表示当前窗口的父窗口对象
opener	只读属性，表示产生当前窗口的窗口对象
self	只读属性，表示当前窗口对象
top	只读属性，表示最上层窗口对象
defaultstatus	可读写属性，表示在浏览器的状态栏中显示的缺省内容
status	可读写属性，表示在浏览器的状态栏中显示的内容

2. Window 对象的方法

Window 对象的方法众多，其名称及说明如表 7-5 所示。

表 7-5　Window 对象的方法

方法名	说　　明
alert()	显示带有一段消息和一个确认按钮的警告框
blur()	把键盘焦点从顶层窗口移开
clearInterval()	取消由 setInterval()方法设置的计时器
clearTimeout()	取消由 setTimeout()方法设置的计时器
close()	关闭浏览器窗口
confirm()	显示带有一段消息以及确认按钮和取消按钮的对话框
createPopup()	创建一个 pop-up 窗口
focus()	把键盘焦点给予一个窗口
moveBy()	相对窗口的当前坐标把它移动指定的像素
moveTo()	把窗口的左上角移动到一个指定的坐标处
open()	打开一个新的浏览器窗口或查找一个已命名的窗口
print()	打印当前窗口的内容
prompt()	显示可提示用户输入的对话框
resizeBy()	按照指定的像素调整窗口的大小
resizeTo()	把窗口的大小调整到指定的宽度和高度
scrollBy()	按照指定的像素值来滚动内容
scrollTo()	把内容滚动到指定的坐标处
setInterval()	按照指定的周期(以毫秒计)来调用函数或计算表达式
setTimeout()	在指定的毫秒数后调用函数或计算表达式

下面重点介绍 Window 对象常用的几个方法。

（1）open()方法。

open()方法用来打开一个新窗口，其语法格式如下：

```
window.open(url,name,features,replace)
```

其中：

◇ url：可选字符串，通过该参数，可以在新窗口中显示对应的网页内容。如果省略该参数，或者参数值为空字符串，则在新窗口中不会显示任何文档。

◇ name：可选字符串，该参数用于声明窗口名称，可以是任意符合规范的名称，也可以是"blank""self""parent"和"top"这些关键字，分别表示新开一个窗口显示文档、在当前窗口显示文档、在当前窗口的父窗口显示文档和在顶层窗口显示文档。窗口名称可以用作标签\<a>和\<form>的属性 target 的值。如果该参数指定了一个已经存在的窗口，那么 open()方法就不再创建一个新窗口，而只是返回对指定窗口的引用，在这种情况下，features 参数将被忽略。

◇ features：可选字符串，该参数是一个由逗号分隔的特征列表，声明了新窗口要显示的标准浏览器的特征。如果省略该参数，新窗口将具有所有标准特征。关于 features 特征的说明如表 7-6 所示。

◇ replace：可选布尔值，规定了装载到窗口的 URL 是在窗口的浏览历史中创建一个新条目，还是替换浏览历史中的当前条目。如果 replace 值为 true，则 URL 会替换浏览历史中的当前条目；如果为 false，则 URL 会在浏览历史中创建新的条目。

表 7-6　窗 口 特 征

属 性 名	说　　明
channelmode	是否使用 channel 模式显示窗口，默认为 no，可选值为 yes|no|1|0
directories	是否添加目录按钮，默认为 yes，可选值为 yes|no|1|0
fullscreen	是否使用全屏模式显示浏览器，默认是 no。处于全屏模式的窗口必须同时处于 channel 模式，可选值为 yes|no|1|0
height	文档显示区的高度，单位是像素
left	x 坐标，单位是像素
location	是否显示地址字段，默认是 yes，可选值为 yes|no|1|0
menubar	是否显示菜单栏，默认是 yes，可选值为 yes|no|1|0
resizable	是否可调节尺寸，默认是 yes，可选值为 yes|no|1|0
scrollbars	是否显示滚动条，默认是 yes，可选值为 yes|no|1|0
status	是否添加状态栏，默认是 yes，可选值为 yes|no|1|0
titlebar	是否显示标题栏，默认是 yes，可选值为 yes|no|1|0
toolbar	是否显示浏览器的工具栏，默认是 yes，可选值为 yes|no|1|0
top	y 坐标，单位是像素
width	文档显示区的宽度，单位是像素

注 意   通过 open()方法打开新窗口，在定义多个窗口特征属性时，要使用"，"隔开。

【示例 7.5】 创建一个宽度为 200，高度为 200，有状态栏，无地址栏、工具栏、菜单栏，并且可以调节尺寸大小的新窗口，用于显示网页的内容。

创建一个名为 OpenEG.html 的页面，其代码如下：

```
<!DOCTYPE html>
<html>
<head>
        <meta charset="utf-8">
        <title>Window 对象的 Open 方法</title>
        <script language="javascript">
                function OpenNewWin()
                {
                        window.open("newWindow.html","a",
                                        "height=200,width=200,status=yes,toolbar=no,
                                        menuba=no,location=no,resizable=yes");
                }
        </script>
</head>
<body>
        <p>单击按钮，打开一个新的窗口</p>
                <input type="button" value="新建窗口" onClick="OpenNewWin()"/>
</body>
</html>
```

上述代码中，当单击【新建窗口】按钮时，会触发按钮的"onClick"事件；然后系统调用 OpenNewWin()函数进行事件处理，使用 open()方法创建了一个宽度为 200，高度为 200，有状态栏，没有地址栏、工具栏、菜单栏，并且可以调节尺寸大小的新窗口，并把 newWindow.html 网页的内容显示在该窗口中。

其中，newWindow.html 文件的代码如下：

```
<!DOCTYPE html>
<html>
<head>
        <title>一个新建的窗口</title>
</head>
<body>
        <p>一个新建的窗口</p>
</body>
</html>
```

使用 Chrome 浏览器查看该 HTML 网页，在弹出的网页中单击【新建窗口】按钮，运行结果如图 7-7 所示。

图 7-7　open()方法演示

(2)　setTimeout()方法和 clearTimeout()方法。

setTimeout()方法用来设置一个计时器，该计时器以毫秒为单位，当到了所设置的时间时，会自动调用一个函数。该方法有返回值，代表一个计时器对象。其语法格式如下：

```
setTimeout(funcName,millisec)
```

其中：

◇　funcName：必需，为要调用的函数名。

◇　millisec：必需，为在执行被调用函数前需等待的毫秒数。

　setTimeout()只执行 funcName()函数一次。如果要多次调用，可使用 setInterval()或者让 funcName()函数自身再次调用 setTimeout()。

clearTimeout()方法用于取消由 setTimeout()方法设置的计时对象，其语法格式如下：

```
clearTimeout(timeout)
```

其中，timeout 为必填项，是 setTimeout()返回的 timeout 对象，表示要取消的延迟执行函数。

【示例 7.6】　分时显示 3 张图片。

创建一个名为 SetTimeoutEG.html 的页面，其代码如下：

```
<!DOCTYPE html>
<html>
<head>
        <meta charset="utf-8">
        <title>SetTimeOut 方法</title>
        <script type="text/javascript">
                //图片数组
                var imgArray =
```

```
                         new Array("img/img1.jpg","img/img2.jpg","img/img3.jpg");
                //计时器对象
                var timeout;
                //图片索引
                var n = 0;
                function ChangeImg()
                {
                        document.getElementById('myImg').src = imgArray[n];
                        n++;
                        if(n>=3){
                                n=0;
                        }
                        //设置延迟时间为2秒，并返回计时器对象
                        timeout = setTimeout("ChangeImg()",2000);
                }
                function stopChange()
                {
                        //清除计时器对象
                        clearTimeout(timeout);
                }
        </script>
</head>
<body>
<div align="center">
        <input type="button" value="分时显示" onClick="ChangeImg()"/>
         
        <input type="button" value="停止显示" onClick="stopChange()"/>
        <br/>
        <br/>
        <img id ="myImg" name="myImg" src="img/img1.jpg" width="240px"
        height="320px"/>
</div>
</body>
</html>
```

上述代码定义了 ChangeImg()和 stopChange()两个函数，其中，ChangeImg()函数的作用是每隔两秒按顺序显示图片；stopChange()函数的作用是清除 setTimeout()设置的计时器对象。

使用 Chrome 浏览器查看该 HTML 网页，结果如图 7-8 所示。当单击【分时显示】按钮时，网页图片每隔两秒按顺序显示一张图片；当单击【停止显示】按钮时，图片不再分时显示。

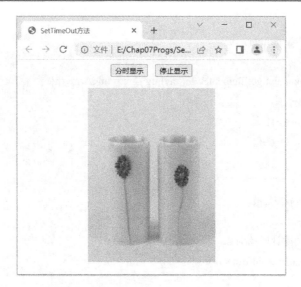

图 7-8　setTimeout()/clearTimeout()用法演示

(3)　setInterval()方法和 clearInterval()方法。

setInterval()方法可按照指定的周期(单位为毫秒)来调用函数或计算表达式，其语法格式如下：

```
setInterval(funcName,millisec)
```

其中：

♦　funcName：必需，为要调用的函数名；

♦　millisec：必需，为周期性调用 funcName 函数的时间间隔，以毫秒计。

clearInterval()方法用于取消由 setInterval()方法设置的计时对象，其语法格式如下：

```
clearInterval(timeout)
```

其中，timeout 为必填项，是 setInterval()返回的 timeout 对象，表示要取消的延迟执行函数。

【示例 7.7】　改写 SetTimeoutEG.html 中的 JavaScript 代码，演示 setInterval()和 clearInterval()的用法。

创建一个名为 SetIntervalEG.html 的页面，其代码如下：

```
<!DOCTYPE html>
<html>
<head>
        <meta charset="utf-8">
        <title>SetInterval 方法</title>
        <script type="text/javascript">
                //图片数组
                var imgArray =
                        new Array("img/img1.jpg","img/img2.jpg","img/img3.jpg");
                //设定计时器对象
                var timeout;
                //图片索引
```

```
        var n = 0;
        function ChangeImg()
        {
            document.getElementById('myImg').src = imgArray[n];
            n++;
            if(n>=3){
                n=0;
            }
        }
        function stopChange()
        {
            //清除计时器对象
            clearInterval(timeout);
        }
        function startChange()
        {
            //设置延迟时间为 2 秒，并返回计时器对象
            timeout = setInterval("ChangeImg()",2000);
        }
    </script>
</head>
<body>
  <div align="center">
    <input type="button" value="分时显示" onClick="startChange()"/>
     
    <input type="button" value="停止显示" onClick="stopChange()"/>
    <br/>
    <br/>
    <img id ="myImg" name="myImg" src="img/img1.jpg" width="240px"
        height="320px"/>
</div>
</body>
</html>
```

上述代码定义了 ChangeImg()、stopChange()和 startChange()三个函数。其中，ChangeImg()函数的作用是按顺序显示图片；startChange()的作用是设置定时器，即每隔 2 秒周期性调用 ChangeImg()函数一次；stopChange()函数的作用是清除 startChange()设置的计时器对象。

由上述代码可知，setInterval()不需要像 setTimeout()一样递归调用。SetIntervalEG.html 运行的结果与 SetTimeoutEG.html 运行的结果完全相同。

7.3.3　Location 对象

Location 对象用于提供当前打开窗口的 URL 或特定框架的 URL 信息。

1. Location 对象的属性

(1) href 属性。

href 属性是 JavaScript 中比较常用的一个属性，它提供了一个指定窗口对象的整个 URL 字符串。例如，可通过下面的语句链接到百度网站：

```
document.location.href = "http://www.baidu.com/ "
```

(2) host 属性。

host 属性可以返回网页主机名以及所连接的 URL 的端口。

(3) protocol 属性。

protocol 属性用来返回当前使用的协议。例如，假设浏览器正在访问 FTP 站点，则该属性将返回字符串"ftp"。

2. Location 对象的方法

Location 对象支持以下三种方法：

(1) assign()：将当前 URL 地址设置为其参数所给出的 URL。

(2) reload()：重载当前网址。

(3) replace()：用参数中给出的网址替换当前网址。

7.3.4　History 对象

History 对象包含用户(在浏览器窗口中)访问过的 URL。该对象是 Window 对象的子对象，可通过 window.history 属性对其进行访问。

History 对象主要有一个属性：length。该属性用来返回浏览器历史列表中的 URL 数量。

History 对象的方法及说明如表 7-7 所示。

表 7-7　History 对象的方法及说明

方法名	说　　明
back()	加载 history 列表中的前一个 URL
forward()	加载 history 列表中的下一个 URL
go()	加载 history 列表中的某个具体页面，具体使用方法是 history.go(n)，如果 n<0 则后退 n 个地址，反之前进 n 个地址，如果 n=0，则刷新当前页面，相当于 location.reload()方法

【示例 7.8】　演示 History 对象方法的使用。

创建一个名为 HistoryEG.html 的页面，其代码如下：

```
<!DOCTYPE html>
<html>
<head>
```

```
        <meta charset="utf-8">
        <title>History 对象的属性和方法</title>
        <script language="javascript">
            //后退
            function BackIE(){
                window.history.back();
            }
            //前进
            function FowardIE()
            {
                window.history.forward();
            }
            function GoBackIE()
            {
                window.history.go(2);
            }
        </script>
</head>
<body>
    <p><font color="green" size="3px"><strong>历史记录</strong></font></p>
    <form>
            <input type="button" name="back" value="后退"
                onClick="BackIE()" />
            <input type="button" name="foward" value="前进"
                onClick="FowardIE()" />
            <input type="button" name="goback" value="Go 方法"
                onClick="GoBackIE()" />
    </form>
</body>
</html>
```

使用 Chrome 浏览器查看该 HTML，结果如图 7-9 所示。单击窗口中的【前进】、【后退】和【Go 方法】按钮，即可实现对历史记录的访问。

图 7-9 History 对象演示

7.3.5　Navigator 对象

Navigator 是一个独立的对象，用于提供用户使用的浏览器及操作系统等信息。该对象的主要属性及说明如表 7-8 所示。

表 7-8　Navigator 对象的属性及说明

属 性 名	说　　明
appName	返回浏览器的名称
appVersion	返回浏览器的平台和版本信息
browserLanguage	返回当前浏览器的语言
cookieEnabled	返回指明浏览器中是否启用 cookie 的布尔值
onLine	返回指明系统是否处于脱机模式的布尔值
platform	返回运行浏览器的操作系统平台
systemLanguage	返回操作系统使用的默认语言

【示例 7.9】　在网页中显示当前浏览器的版本和当前操作系统的平台。

创建一个名为 NavigatorEG.html 的页面，其代码如下：

```html
<!DOCTYPE html>
<html>
<head>
    <meta charset="utf-8">
    <title>Navigator 对象的属性</title>
</head>
<body>
    <script language="javascript">
        var browser=navigator.appName;
        var platform=navigator.platform;
        document.write("浏览器名称: "+ browser+"<br/>");
        document.write("操作系统平台: "+ platform);
    </script>
</body>
</html>
```

上述代码中，通过 Navigator 对象的 appName 和 platform 属性返回了当前 IE 浏览器的名称和当前操作系统的平台。

使用 Chrome 浏览器查看该 HTML 网页，结果如图 7-10 所示。

图 7-10　Navigator 对象的属性演示

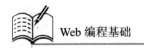

7.3.6 表单对象

表单对象是 Document 对象的子对象，通过以下方式，可以访问表单对象及其属性或方法：

document.表单名称.属性
document.表单名称.方法(参数)
document.forms[索引].属性
document.forms[索引].方法(参数)

1. 表单的属性和方法

表单对象的属性及说明如表 7-9 所示。

表 7-9　表单对象的属性及说明

属 性 名	说　　明
acceptCharset	服务器可接受的字符集
action	设置或返回表单的 action 属性
enctype	设置或返回表单用来编码内容的 MIME 类型。如果表单没有 enctype 属性，则提交文本时的默认值是"application/x-www-form-urlencoded"；当 input 标签的 type 是"file"时，enctype 的值是"multipart/form-data"
id	设置或返回表单的 id
length	返回表单中的元素数目
method	设置或返回将数据发送到服务器的 HTTP 方法，常用的方法为 get|post
name	设置或返回表单的名称
target	设置或返回表单提交结果的 Window 名称

表单对象的方法及说明如表 7-10 所示。

表 7-10　表单对象的方法及说明

方 法 名	说　　明
handleEvent()	使事件处理程序生效
reset()	重置
submit()	提交

2. 表单元素

表单中包含很多种表单元素，表单元素按照功能主要分为文本、按钮和单选按钮三类。可以通过以下方式调用表单中元素的属性或方法：

document.forms[索引].elements[索引].属性
document.forms[索引].elements[索引].方法(参数)
document.表单名称.元素名称.属性
document.表单名称.元素名称.方法(参数)

表单元素主要的属性及说明如表 7-11 所示。

表 7-11 表单元素的属性及说明

属 性 名	说 明
defaultValue	该元素的 value 属性
form	该元素所在的表单
name	该元素的 name 属性
type	该元素的 type 属性
value	该元素的 value 属性

【示例 7.10】演示表单元素的用法。

创建一个名为 ElementEG.html 的页面，其代码如下：

```
<!DOCTYPE html>
<html>
<head>
    <meta charset="utf-8">
    <title>History 对象的属性和方法</title>
    <script type="text/javascript">
        var i = 0;
        function movenext(obj,i)
        {
            if(obj.value.length==4)
            {
                document.forms[0].elements[i+1].focus();
            }
        }
        function result()
        {
            fm = document.forms[0];
            num = fm.elements[0].value +
            fm.elements[1].value +
            fm.elements[2].value +
            fm.elements[3].value ;
            alert("你输入的信用卡号码是"+ num);
        }
    </script>
</head>
<body onLoad=document.forms[0].elements[i].focus()>
    请输入你的信用卡号码：
    <form>
```

```
<input type="text" size="3" maxlength="4" onKeyup="movenext(this,0)">
 -
<input type="text" size="3" maxlength="4" onKeyup="movenext(this,1)">
 -
<input type="text" size="3" maxlength="4" onKeyup="movenext(this,2)">
 -
<input type="text" size="3" maxlength="4" onKeyup="movenext(this,3)">
<input type="button" value="显示" onClick="result()">
</form>
</body>
</html>
```

上述代码中有 4 个文本框，每个文本框只能输入 4 位数字，在第一个文本框中输入了 4 位数字后，焦点会自动移动到第二个文本框中，以此类推。当用户输入完信用卡卡号后，单击网页中的【显示】按钮，即会将输入的卡号输出。

使用 Chrome 浏览器查看该 HTML 网页，结果如图 7-11 所示。

图 7-11　表单元素演示

本 章 小 结

通过本章的学习，读者应当了解：

✧ DOM 是一种与浏览器、平台、语言无关的接口，使得编程人员可以访问页面的标准组件。

✧ DOM 是以层次结构组织的节点或信息片段的集合。

✧ Document 对象是指在浏览器窗口中显示的 HTML 文档。

✧ BOM 提供了独立于文档内容的、可以与浏览器窗口进行交互的对象结构。

✧ 对于每一个 HTML 页面，浏览器都会自动创建 Window 对象、Document 对象、Location 对象、Navigator 对象以及 History 对象。

✧ Window 对象表示浏览器打开的窗口。如果网页文档中包含 iframe 标签，则浏览器也会为每个 iframe 创建一个 Window 对象。

✧ Location 对象用于提供当前打开的窗口的 URL 或者特定框架的 URL 信息。

✧ Navigator 是一个独立的对象，用于提供用户使用的浏览器及操作系统等信息。

✧ 表单对象是 Document 对象的子对象，可以通过"document.表单名称.属性名|方法名"的方式来访问其属性或方法。

本 章 练 习

1．关于 DOM 的说法正确的是_____。(多选)

A．DOM 的全称是文档对象模型

B．DOM 是 JavaScript 专用的一种技术

C．使用 DOM 时，所有的对象都需要程序员创建

D．DOM 使用树形的组织结构

2．在浏览器的 DOM 中，根对象是_____。

A．document

B．location

C．navigator

D．window

3．下列选项中属于 window 对象的方法的是_____。(多选)

A．alert()

B．setTimeout()

C．toString()

D．open()

4．下列选项中_____可以设定网页背景色。

A．window.bgColor

B．window.backgroundColor

C．document.bgColor

D．document.backgroundColor

5．针对下述 HTML 片段，可以修改此文本框内容的是_____。(多选)

```
<input type="text" id="test" name="test" />
```

A．document.getElementById("test").value = "abcdefg";

B．document.getElementsByName("test").value = "abcdefg";

C．document.getElementsByName("test")[0].value = "abcdefg";

D．document.getElementsById("test")[0].value = "abcdefg";

6．下列选项中能够使当前页面变为 http://www.sohu.com 的是_____。(多选)

A．location = "http://www.sohu.com"

B．location.href = "http://www.sohu.com"

C．document.location = "http://www.sohu.com"

D．window.location = "http://www.sohu.com"

7．能够使页面退回到浏览历史的上一页的是_____。(多选)

A．history.back()

B．history.go(1)

C．history.go(-1)

D．history.goback()

8．新建一个 HTML 页面，在其中放置一个按钮和若干输入控件，当单击此按钮时，使用 alert()显示页面中所有输入控件的 value。

第8章　表单验证及特效

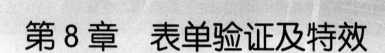

本章目标

- 掌握常用的表单数据验证
- 熟悉 onBlur 和 onFocus 事件
- 理解鼠标事件的应用
- 理解键盘事件的应用
- 了解什么是 CSS 样式特效
- 掌握 div 层的隐藏和显示特效
- 掌握图片的隐藏和显示特效

8.1 表单验证

在网站上注册用户时，一般通过表单将用户填写的注册信息提交给网站的服务器，但是这些信息有时候很可能是错误的，不符合网站注册的要求。因此网站的设计人员在用户提交信息之前应该首先对信息进行检查，将发现的问题反馈给用户，从而避免错误信息的提交。表单验证是 JavaScript 最常用、最有用的功能之一。

8.1.1 常见的表单验证

常见的表单验证可分为以下几类：

(1) 验证必填项。最基本的表单验证就是验证表单中必填项是否输入了内容。例如，在注册用户时，用户名和密码是必须要输入的。通过 JavaScript 判断必填项的值是否为空，就可以对必填项进行验证。

(2) 验证长度。同样以注册用户为例，用户输入的密码通常有一个长度限制，因为如果密码长度太短很容易被破解。密码的长度可以通过输入框 value 值的 length 属性来判断。

(3) 验证输入内容的格式。有时系统要求用户名的开头只能由数字和字母组成，这时需要检查输入的用户名是否符合要求。可通过正则表达式来验证输入内容的格式。

(4) 验证两个表单项的值是否相同。在注册用户时，密码需要输入两次以进行确认。而要比较两次输入的密码是否相同，只需比较两个密码输入框的 value 值是否相同即可。

(5) 验证邮箱的输入是否合法。很多网站在注册的时候会让用户输入电子邮箱，用户忘记密码时，通过密码提示问题，网站就会将用户的密码以邮件的形式发送到用户预留的电子邮箱中。通常通过正则表达式来验证邮箱的合法性。

注意　正则表达式是一种用于匹配和操作文本的强大工具，是由一系列字符和特殊字符组成的模式，用于描述要匹配的文本模式。正则表达式可以在文本中查找、替换、提取和验证特定的模式。

8.1.2 表单验证示例

下面以用户注册页面为例，来了解表单验证的有关操作。

用户注册页面如图 8-1 所示。其中每一项都是必须要输入的，用户名只能以小写字母开头，且只能由小写字母、数字、下画线组成；密码和确认密码需要输入相同的值；最后的复选框则需要选中。只有这些条件都满足了，才能成功提交注册信息。

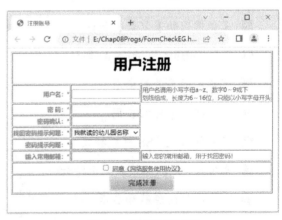

图 8-1　用户注册页面

【**示例 8.1**】　演示对注册用户信息的验证。

创建一个名为 FormCheckEG.html 的页面，其代码如下：

```
<script type="text/javascript">
    function CheckData()
    {
            //判断用户名是否为空
            var userNmLen = document.form1.userName.value.length;
            if (userNmLen ==0 )
            {
                    alert("用户名不能为空，请输入！");
                    document.form1.userName.focus();
                    return false;
            }
            //判断用户名的长度是否>6
            if (userNmLen < 6 || userNmLen > 16)
            {
                    alert("用户名长度应介于 1~16 位，请重新输入！");
                    document.form1.userName.value = "";
                    document.form1.userName.focus();
                    return false;
            }
            //判断用户名是否以字母开头
            var txtUserNm = document.form1.userName.value;
            var reNm = /^-?\d+$/;//校验整数
            var reChar = /^\w+$/;//校验字母和下画线
            if (!reNm.test(txtUserNm.substring(0,1)) && !reChar.test(txtUserNm.substring(0,1)))
            {
                    alert("用户名必须以数字、字母或下画线开头，请重新输入！");
                    document.form1.userName.value = "";
                    document.form1.userName.focus();
                    return false;
            }
            //判断用户名是否以字母、数字或下画线组成
            for (var i= 0;i<userNmLen;i++ )
            {
                    if (!reNm.test(txtUserNm) && !reChar.test(txtUserNm))
                    {
                            alert("用户名必须由数字、字母或下画线组成，请重新输入！");
                            document.form1.userName.value = "";
                            document.form1.userName.focus();
```

```
                return false;
            }
    }
    //判断密码是否为空
    if (document.form1.userPsd.value.length == 0)
    {
            alert("密码不能为空，请输入！");
            document.form1.userPsd.focus();
            return false;
    }
    //判断确认密码是否为空
    var userPsdValue = document.form1.userPsdConfirm.value;
    if (userPsdValue.length == 0)
    {
            alert("确认密码不能为空，请输入！");
            document.form1.userPsdConfirm.focus();
            return false;
    }
    //判断密码是否输入一致
    if (userPsdValue != document.form1.userPsdConfirm.value)
    {
            alert("密码前后输入不一致，请重新输入！");
            document.form1.userPsd.value = "";
            document.form1.userPsdConfirm.value = "";
            document.form1.userPsd.focus();
            return false;
    }
    //判断密码提示问题是否为空
    if (document.form1.userAnswer.value.length == 0)
    {
            alert("密码提示问题不能为空，请输入！");
            document.form1.userAnswer.focus();
            return false;
    }
    //判断常用邮箱是否为空
    if (document.form1.userEMail.value.length == 0)
    {
            alert("常用邮箱不能为空，请输入！");
            document.form1.userEMail.focus();
            return false;
```

```
        }
        //判断邮箱格式是否正确
        var reEmail=/^\w+((-\w+)|(\.\w+))*\@[A-Za-z0-9]+((\.|-)[A-Za-z0-9]+)*\.[A-Za-z0-9]+$/;
        var eMail = document.form1.userEMail.value;
        if (!reEmail.test(eMail))
        {
                alert("您输入的邮箱不合法，请输入！");
                document.form1.userEMail.focus();
                document.form1.userEMail.value="";
                return false;
        }
        //判断 checkbox 是否选中
        if (!document.form1.checkAgree.checked)
        {
                alert("您没有同意网络协议！");
        }
        document.form1.submit();
    }
</script>
......
```

上述代码中，定义了 CheckData()函数，该函数用于对用户输入的信息进行初始验证。其中，验证用户输入的内容是否为空有两种方式：一种是判断字符串长度是否为 0；另外一种是判断字符串内容是否为空。例如：

```
if (document.form1.userPsd.value.length == 0)
```

上述语句验证密码的长度是否为 0，以此来判断密码是否为空，等价于以下语句：

```
if (document.form1.userPsd.value == "")
```

此外，判断"字符串是否以字母、数字或下画线组成"和"邮件格式是否正确"都采用正则表达式验证的方式。其中，匹配整数的正则表达式是：

```
/^-?\d+$/
```

匹配字母和下画线的正则表达式是：

```
/^\w+$/
```

匹配邮箱的正则表达式是：

```
/^\w+((-\w+)|(\.\w+))*\@[A-Za-z0-9] +((\.|-)[A-Za-z0-9]+)*\.[A-Za-z0-9]
```

 常用的正则表达式详见实践篇第 7 章知识拓展部分。

通过 Chrome 浏览器查看该 HTML 网页，不在表单中填写任何内容，只单击【完成注册】按钮，结果如图 8-2 所示。

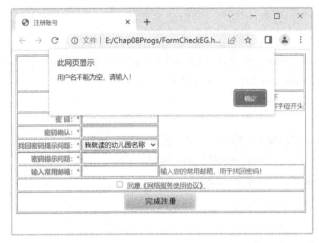

图 8-2　表单验证演示

用户信息中其他项目验证不再演示，请读者自行验证和理解。

8.2　事　件　应　用

第 7 章列举了 JavaScript 中的事件，本节将进一步介绍编写 JavaScript 程序时常用到的几个事件。

8.2.1　onBlur 事件和 onFocus 事件

表单元素失去焦点时，或光标移出表单元素时，就会触发 onBlur 事件；onFocus 事件与 onBlur 事件的触发动作相反，当表单元素得到焦点后，就会触发 onFocus 事件。

【示例 8.2】　演示 onBlur 和 onFocus 事件的用法。

创建一个名为 BlurAndFocusEG.html 的页面，其代码如下：

```
<html>
<head>
    <title>Blur 和 Focus 事件</title>
    <script type="text/javascript">
        function ClearUser()
        {
            document.formUser.txtUser.value = "";
        }
        function ClearPsd()
        {
            document.formUser.txtPsd.value = "";
        }
        function CheckUser()
```

```
            {
                if (document.formUser.txtUser.value == "user")
                {
                        document.formUser.txtPsd.focus();
                }
            }
            function CheckPsd()
            {
                if (document.formUser.txtPsd.value == "123456")
                {
                        alert("密码验证正确！");
                }
            }
    </script>
</head>
<body>
    <p>
    <font color="green" size="3px">
            <strong>Blur 和 Focus 事件演示</strong></font></p>
            <form name="formUser">
            用户名：<input type="text" name="txtUser" value="请输入用户名..."
    onBlur="CheckUser()" onFocus="ClearUser()"/>
            密码：<input type="password" name="txtPsd" value=""
                onBlur="CheckPsd()" onFocus="ClearPsd()"/>
    </form>
</body>
</html>
```

　　上述代码中，当用户名的文本框获取焦点后会清空其内容，当输入正确的用户名"user"后，单击页面的任何地方，密码框就会获取焦点，在密码框中输入密码"123456"后移出光标，就会触发密码框 onBlur 事件，弹出显示"密码验证正确"的提示框。

　　通过 Chrome 浏览器查看该 HTML 网页，结果如图 8-3 所示。

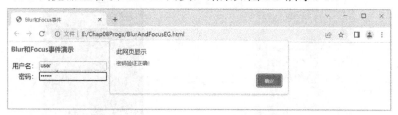

图 8-3　onBlur 事件和 onFocus 事件演示

8.2.2　鼠标事件

　　将光标移到元素上时，会触发元素的 onMouseOver 事件；将光标移出元素时，则会

Web 编程基础

触发元素的 onMouseOut 事件。onMouseOver 和 onMouseOut 称为鼠标事件，主要应用于层或图片链接。

【示例 8.3】 演示 onMouseOver 事件和 onMouseOut 事件的用法。

创建一个名为 MouseOverAndOutEG.html 的页面，其代码如下：

```
<!doctype html>
<html>
<head>
    <meta charset="utf-8">
    <title>MouseOver 和 MouseOut 事件</title>
</head>
<body>
    <p align="center">
        <font color="green" size="3px">
            <strong>MouseOver 和 MouseOut 事件演示</strong>
        </font>
    </p>
    <div align="center">
    <img src = "img/img1.jpg" name="picture" width="250px" height="340px"
        onMouseOver="src='img/img2.jpg'" onMouseOut="src='./img/img1.jpg'" />
    </div>
</body>
</html>
```

上述代码中，首先使用<img>标签在页面上导入了一张图片 img1.jpg，当鼠标移到其上方时会触发 onMouseOver 事件，此时会显示图片 img2.jpg；当鼠标移走后会触发 onMouseOut 事件，此时又会显示图片 img1.jpg。

通过 Chrome 浏览器查看该 HTML 网页，结果如图 8-4 所示。当鼠标移动到图一所示的图片上方后，会触发 onMouseOver 事件，然后变为图二所示的结果。

图 8-4　鼠标事件演示

· 190 ·

8.2.3　键盘事件

键盘中的键可分为两类：

(1)　字符键：可打印的键，如 A～Z 和数字键等；

(2)　功能键：不可打印的键，如 Backspace、Enter、Escape、方向键、PageUp、Page Down、F1～F12 等键。

键盘事件主要包括 onKeyDown、onKeyPress 和 onKeyUp 三种，每次敲击键盘都会依次触发这三种事件。其中，onKeyDown 和 onKeyUp 是比较低级的接近于硬件的事件，这两个事件可以捕获到用户敲击了键盘中某个键；而 onKeyPress 是字符层面的较为高级的事件，这个事件能够捕捉到用户键入了哪个字符。

例如，用户敲击了 A 键，onKeyDown 和 onKeyUp 事件只知道用户敲击了 A 键，并不能区分用户敲的是大写的"A"还是小写的"a"；但 onKeyPress 事件就可以捕捉到用户敲击的是大写的"A"还是小写的"a"。

　功能键不会触发 onKeyPress 事件，因为 onKeyPress 对应的只是可打印的字符。

键盘事件的事件对象 event 中包含一个 keyCode 属性。在 onKeyDown 和 onKeyUp 事件中，keyCode 属性表示用户具体按下的键；在 onKeyPress 事件中，keyCode 属性指的是用户键入的字符。

此外，键盘事件对象 event 还有三个其他的属性：altKey、ctrlKey 和 shiftKey，用来判断按下一个键的时候是否同时按下了 Alt、Ctrl 或 Shift 等键。

【示例 8.4】　利用键盘事件实现打字游戏。

创建一个名为 KeyEventEG.html 的页面，其代码如下：

```
<!doctype html>
<html>
<head>
    <meta charset="utf-8">
    <title>键盘事件</title>
    <script type="text/javascript">
        function PrintChar()
        {
            var div = document.getElementById("charArea");
            div.innerHTML = String.fromCharCode(event.keyCode);
        }
    </script>
    <style type="text/css">
        div
        {
```

```
                          font-size:40px;
                          font-weight:bold;
                          border:3px solid green;
                          color:green;
                          background:#ffffff;
                          width:6%;height:30%;
                          position:absolute;
                          left:120px;top:80px;
                  }
          </style>
</head>
<body   onKeyPress="PrintChar()">
          <p style="font-size:30px;font-weight:bold;">您的输入是：</p>
          <div id="charArea">
          </div>
</body>
</html>
```

上述代码中，在<body>标签中添加 onKeyPress 事件，用于获取用户输入的字母或数字，并在页面中显示出来。

通过 Chrome 浏览器查看该 HTML 网页，当该窗口获得焦点时，敲击键盘上的 A 键，结果如图 8-5 所示。

图 8-5　键盘事件演示

8.3　CSS 特效

通过定义 CSS 样式，可以制作出绚丽多彩的页面。而为了能够动态地改变整个或局部页面的显示外观，往往还需要使用 JavaScript 来控制 CSS 样式，这就是 CSS 样式特效。CSS 样式特效的应用非常广泛，本节主要介绍一些商业网站中常见的经典特效，如层的隐藏和显示、图片的隐藏和显示等。

8.3.1 层的隐藏和显示特效

div 层的隐藏和显示主要使用 display 属性控制，其默认值为 block。当取值为 block 时，按块显示，每块独占一行；当取值为 inline 时，按行显示，和其他元素同一行显示；当取值为 none 时，不显示，不为被隐藏对象保留其物理空间。

【示例8.5】 实现管理系统中模块的树形结构，使得该树形结构具有层特效。

创建一个名为 DivDisplayEG.html 的页面，其代码如下：

```html
<html>
    <head>
        <title>物料系统</title>
......
        <script language="javascript" type="text/javascript">
            if (document.getElementById)
            {
                document.write('<style type="text/css">\n')
                document.write('.submenu{display: none;}\n')
                document.write('</style>\n')
            }
            function SwitchMenu(obj)
            {
                if(document.getElementById)
                {
                    var el = document.getElementById(obj);
                    var ar = document.getElementById("masterdiv")
                    .getElementsByTagName("span");
                    if(el.style.display != "block")
                    {
                        for (var i=0; i<ar.length; i++)
                        {
                            if (ar[i].className=="submenu")
                            ar[i].style.display = "none";
                        }
                        el.style.display = "block";
                    }else
                    {
                        el.style.display = "none";
                    }
                }
            }
```

```
            function killErrors()
            {
                    return true;
            }
            window.onerror = killErrors;
    </script>
    <link rel="stylesheet" type="text/css"  href="DivDisplayStyle.css">
    <base target="main">
</head>
<body topmargin="0" leftmargin="2" rightmargin="2" bottommargin="2">
    <div id="masterdiv">
        <table border="0" width="170" id="table1" cellpadding="4"
            style="border-collapse:collapse;" bgcolor="#CCFFFF">
            <tr>
                <td align="center">
                    <font size="3" color="#4B0082">
                        <b>物料管理系统</b>
                    </font>
                </td>
            </tr>
            <tr>
                <td>
                    <p align="center">
                        <a target="_parent"   href="#">
                        <font size="2">[安全退出]</font></a>
                        <a target="_parent" href="#">
                        <font size="2">[返回首页]</font></a>
                </td>
            </tr>
        </table>
        <div class="menutitle" onClick="SwitchMenu('sub1')">
            .系统管理
            <hr size="1" color="#00008B">
        </div>
        <span class="submenu" id="sub1">
            <table cellspacing="1" cellpadding="4" width="158"  class="tableborder">
                <tr>
                    <td height=25 width="100%"
                    align="center" bgcolor="#D6E0EF">
                          
                        <img border="0"
```

```
                        src="./img/divdisplay.gif" width="13" height="13">
                        <a class="menu" target="main" href="#">用户管理</a>
                </td>
            </tr>
            <tr class=altbg1>
                <td height=25 width="100%"
                align="center"  bgcolor="#D6E0EF">
                          
                        <img border="0"
                        src="./img/divdisplay.gif" width="13" height="13">
                        <a class="menu" target="main" href="#">角色管理</a>
                </td>
            </tr>
        </table>
</span>
<div class="menutitle" onClick="SwitchMenu('sub8')">
    .部件管理
        <hr size="1" color="#00008B">
</div>
<span class="submenu" id="sub8">
        <table cellSpacing="0" cellPadding="0" width="158"
                background="images/menu_2.gif"
                border="0" class="tableborder">
            <tr>
                    <td height=25 width="100%"
                    align="center" bgcolor="#D6E0EF">
                        <img border="0"
                    src="./img/divdisplay.gif" width="13"
                            height="13">
                        <a class="menu" target="main"
                            href="#">新增项目</a>
                    </td>
            </tr>
            <tr>
                    <td height=25 width="100%" align="center"
                            bgcolor="#D6E0EF">
                    <img border="0"
                    src="./img/divdisplay.gif" width="13"
                            height="13">
                    <a class="menu" target="main"
                            href="#">项目维护</a>
```

```
                                </td>
                            </tr>
                        </table>
                    </span>
                </div>
            </body>
</html>
```

上述代码中，在<script>标签里定义了 SwitchMenu()函数，当单击 div 层时，触发 onClick 事件并调用该函数，该函数通过当前 div 层的状态(如隐藏)来决定是否隐藏还是显示该层。

通过 Chrome 浏览器查看该 HTML 页面，结果如图 8-6 所示。当使用鼠标分别单击【系统管理】、【部件管理】命令时，其下方的区域会显示各自的模块，而对应的其他部分的模块会收起。

图 8-6   div 层的隐藏和显示

8.3.2   图片隐藏和显示特效

在层的隐藏和显示的基础上，可以实现图片的自动切换，这种技术主要使用了层的 display 属性，并且通过 JavaScript 的 setInterval()函数来实现。

【示例 8.6】   实现图片集的制作。

创建一个名为 ImgDisplay.html 的页面，其代码如下：

```
<html>
<head>
        <title>图片隐藏和显示特效</title>
</head>
<body>
<table width="400" border="0" align="center" cellPadding="0" cellSpacing="0"
background="./img/background.jpg">
        <tr>
                <td height="470"align="center">
                        <div id="fc" style="width:240px; height:454px; border:1px solid #D85C8A">
```

```html
        <div style="display:block;cursor:hand">
                <img  height="454" src="img/img4.jpg" width="320" border="2"/>
        </div>
        <div style="display:none;cursor:hand">
                <img  height="454" src="img/img5.jpg" width="320" border="2"/>
        </div>
        <div style="display:none;cursor:hand">
                <img  height="454" src="img/img6.jpg" width="320" border="2"/>
        </div>
        <div style="display:none;cursor:hand">
                <img  height="454" src="img/img7.jpg" width="320" border="2"/>
        </div>
    </div>
  </td>
</tr>
<tr>
  <td height="99" valign="top">
      <table align="center" cellPadding="0" cellSpacing="1" id="num">
          <tr>
              <td id="0">
                  <img src="img/img4.jpg" onclick="plays(0)"
                      width="57" height="99"
                      style="cursor:hand; border:1px solid green" >
              </td>
              <td id="1">
                  <img src="img/img5.jpg" onclick="plays(1)"
                      width="57"  height="99"
                      style="cursor:hand;
                      border:1px solid green" >
              </td>
              <td id="2">
                  <img src="img/img6.jpg" onclick="plays(2)"
                      width="57" height="99"
                      style="cursor:hand;
                      border:1px solid green" >
              </td>
              <td id="3">
                  <img src="img/img7.jpg" onclick="plays(3)"
                      width="57" height="99"
                      style="cursor:hand;
```

```
                                   border:1px solid green" >
                        </td>
                    </tr>
                </table>
            </td>
        </tr>
</table>
    <script>
            var n=0;
            //获得名为 fc 的 div 对象
            var fc = document.getElementById("fc");
            //设置计时器对象
            setInterval("auto()", 2000);
            function plays(value)
            {
                    for(i=0;i<4;i++)
                    {
                            if (i == value)
                            {
                                    //显示特定的图片
                                    fc.children[i].style.display="block";
                            }
                            else
                            {
                                    //隐藏特定的图片
                                    fc.children[i].style.display="none";
                            }
                    }
            }
            //当图片切换到最后一张时，从头开始显示图片
            function auto()
            {
                    n++;
                    if(n>3)
                    {
                            n=0;
                    }
                    plays(n);
            }
    </script>
```

```
</body>
</html>
```

上述代码在页面中导入四幅图片，且每间隔 2 秒就会在大相框中切换一幅图片。

通过 Chrome 浏览器查看该 HTML 网页，结果如图 8-7 所示。

图 8-7　图片的隐藏和显示

本 章 小 结

通过本章的学习，读者应当了解：

✧ 表单验证可以减轻服务器负担，提高系统效率。

✧ 表单验证可以验证输入是否为空、日期是否有效、E-mail 是否正确等。

✧ 鼠 标 事 件 有 onClick、 onDblClick、 onMouseDown、 onMouseUp、
onMouseOver、onMouseMove 和 onMouseOut。

✧ 键盘事件有 onKeyPress、onKeyDown 和 onKeyUp。

✧ 为了能够动态地改变整个或局部页面的显示外观，需要使用 JavaScript 控制
CSS 样式，即 CSS 样式特效。

✧ div 层的隐藏和显示主要通过使用 div 的 display 属性来实现。

✧ 在 div 层的隐藏和显示的基础上，可以实现图片的自动切换。

本 章 练 习

1. 对于 id 为"name"的文本框，判断其输入不为空的正确 JavaScript 代码是_____。
(多选)

A．if (document.getElementsByName("name").value.length == 0)
  alert("输入不能为空");

B．if (document.getElementByName("name").value == "")
  alert("输入不能为空");

C．if (document.getElementById("name").value.length == 0)
  alert("输入不能为空");

D．if (document.getElementById("name").value == "")
  alert("输入不能为空");

2．控件失去焦点的事件是_____。

A．onfocus   B．onlostfocus   C．onblur   D．onchange

3．鼠标进入的事件是_____。

A．onmousein   B．onmousemove

C．onmousedown   D．onmouseover

4．以下代码实现的效果是_____。

```
<input id="name"
onmouseover="this.style.color='red'"
onmouseout="this.style.color='black'"/>
```

A．当鼠标经过文本框时，背景色变为红色，鼠标离开文本框时，背景色变为黑色

B．当鼠标经过文本框时，鼠标指针变为红色，鼠标离开文本框时，鼠标指针变为黑色

C．当鼠标经过文本框时，文字变为红色，鼠标离开文本框时，文字变为黑色

D．当鼠标经过文本框时，边框变为红色，鼠标离开文本框时，边框变为黑色

5．可以使下述 div 显示的 JavaScript 代码是_____。(多选)

```
<div id="div1" style="display:none" >aaaaaaa</div>
```

A．document.getElementById("div1").style.display = "true";

B．document.getElementById("div1").style.display = "inline";

C．document.getElementById("div1").style.display = "block";

D．document.getElementById("div1").style.display = "";

6．下述选项中，_____可以实现每隔 1 秒钟调用一次 test()函数的功能。

A．setTimeout("test()", 1)

B．setTimeout("test()", 1000)

C．setInterval("test()", 1)

D．setInterval("test()", 1000)

7．创建一个 HTML 页面，实现鼠标移动时在浏览器状态栏显示鼠标当前坐标的功能。

8．创建一个 HTML 页面，其中放置一张图片，实现通过键盘的上、下、左、右键控制图片移动的功能。

实践篇

实践 1 HTML 基础

 实践指导

实 践 1.1

安装 VS Code 网页开发工具。

【分析】

(1) VS Code 全称 Visual Studio Code，是 Microsoft 公司推出的一款轻量级代码编辑器，免费、开源而且功能强大。它支持几乎所有主流的程序语言的语法高亮、代码自动补全、代码重构、查看定义功能，并且内置了命令行工具和 Git 版本控制系统。它支持插件扩展，并针对网页开发和云端应用开发做了优化。它支持跨平台，可用于 Windows、macOS 和 Linux 操作系统。在 2022 年的 Stack Overflow 组织的开发者调查中，VS Code 被认为是最受开发者欢迎的开发环境。

(2) 本书实践篇部分使用 VS Code 作为开发工具，VS Code 官方网站提供下载，下载地址是 http:// code.visualstudio.com/。

【参考解决方案】

(1) 获取 VS Code 的安装程序。根据自己的电脑系统，在 http://code.visualstudio.com/ 下载对应的安装程序。

(2) 安装。在下载目录中找到 VS Code 安装程序，双击程序图标，出现【许可协议】界面，如图 S1-1 所示。

阅读协议后，选择【我同意此协议】，然后单击【下一步】按钮，出现【选择目标位置】界面，如图 S1-2 所示。

图 S1-1 软件许可协议

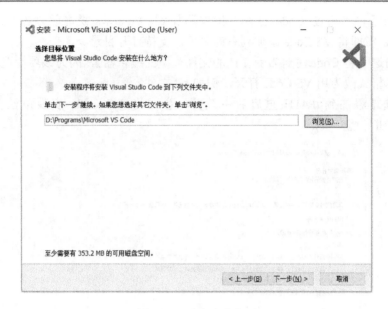

图 S1-2　选择安装位置

单击【浏览】按钮，选择安装路径，默认在 C 盘，本例中选择路径"D:\Programs\Microsoft VS Code"，然后单击【下一步】按钮，出现【选择开始菜单文件夹】界面，如图 S1-3 所示。

图 S1-3　选择开始菜单文件夹

本例中，选择默认文件夹即可，因此直接单击【下一步】按钮，出现【选择附加任务】界面，如图 S1-4 所示，将界面中的任务项目进行如下勾选：

❖ 勾选【创建桌面快捷方式】。

❖ 勾选【将"通过 Code 打开"操作添加到 Windows 资源管理器文件上下文菜单】，意即将 VS Code 添加到右键菜单，支持打开文件。

◆ 勾选【将"通过 Code 打开"操作添加到 Windows 资源管理器目录上下文菜
单】，意即将 VS Code 添加到右键菜单，支持打开目录。

◆ 不勾选【将 Code 注册为受支持的文件类型的编辑器】，因为该项勾选后会把很多
文本格式改为用 VS Code 打开，例如.txt 文件。

◆ 勾选【添加到 PATH(重启后生效)】，意即将 VS Code 安装路径自动添加到
PATH(环境变量)。

图 S1-4　选择附加任务

单击【下一步】按钮，出现【准备安装】界面，如图 S1-5 所示。

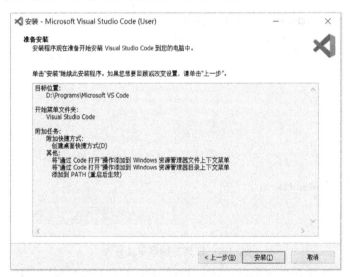

图 S1-5　准备安装

确认安装信息无误后，单击【安装】按钮，会出现【正在安装】界面，如图 S1-6
所示。

图 S1-6　安装进度

安装进度完成后，出现【Visual Studio Code 安装完成】界面，如图 S1-7 所示。

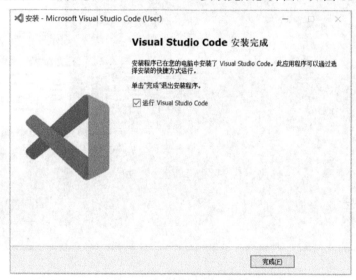

图 S1-7　安装完成

此时 VS Code 已经安装成功，单击【完成】按钮，即可结束安装过程。

实践 1.2

VS Code 开发环境设置与介绍。

【分析】

(1) 启动 VS Code。

(2) 设置 VS Code 颜色主题。注意：VS Code 的默认显示风格是黑色主题，黑底白字，不适合黑白打印，所以需要将其更改为白底黑字的白色主题。

(3) 安装 VS Code 中文插件。VS Code 默认是英文界面,需要安装中文语言插件才能切换为中文界面。

(4) 认识 VS Code 工作界面。熟悉 VS Code 工作界面的布局和各分区的作用,这是使用 VS Code 制作网页的前提。

(5) 安装 open in browser 插件。该插件是在浏览器里预览网页必备的插件,可以运行 html 文件。

【参考解决方案】

(1) 启动 VS Code。在【开始】菜单栏中,选择【VS Code】项目,启动 VS Code,也可直接双击桌面上的 VS Code 快捷方式图标 ◁

VS Code 启动后,会显示如图 S1-8 所示的初始页面。

图 S1-8 VS Code 启动初始界面

(2) 设置 VS Code 颜色主题。VS Code 初始界面右半部分列出了多种可供选择的颜色主题,也可以选择菜单栏中的【File】/【Preferences】/【Color Theme】命令调出 VS Code 颜色主题选择界面。为了使黑白打印的图片显示更清晰,在这里我们选择【Light】主题,将 VS Code 的显示风格改为白底黑字,如图 S1-9 所示。

(3) 安装 VS Code 中文插件。单击活动栏中的插件模块图标(图 S1-9 中箭头①所指之处),在搜索栏输入 "Chinese"(图 S1-9 中箭头②所指之处),搜索中文语言插件。然后选择搜索出来的 Chinese 插件,单击后面的【install】按钮进行安装(图 S1-9 中箭头③所指之处)。安装完毕,重新启动 VS Code 即可。

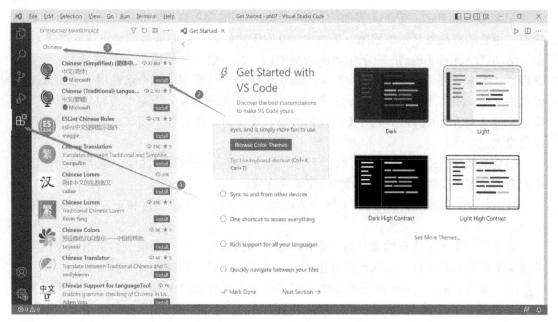

图 S1-9 安装中文语言插件

(4) 认识 VS Code 工作界面。VS Code 工作界面主要由代码编辑区、侧边栏、活动栏、辅助面板、状态栏和菜单栏等部分组成，如图 S1-10 所示。

图 S1-10 VS Code 工作界面

对各组成部分的说明如下：

代码编辑区(Editor)：位于主界面的正中间，是进行代码编辑的主要区域。可以在垂直或水平方向上并排打开任意多个编辑器。

侧边栏(Side Bar)：位于主界面的左侧，包含不同的面板视图，每个面板是一个完整的功能，由活动栏触发显示或隐藏。如图 S1-10 中侧边栏的当前面板视图是资源管理器。

活动栏(Activity Bar)：位于主界面的最侧边，由一组组件组成，从上到下依次为资源管理器、跨文件搜索、Git 代码管理、Debug 调试和插件管理。每个组件用于显示或隐藏侧边栏面板，点击不同的组件将进行侧边栏中面板视图的切换。下端的齿轮状图标等价于菜单栏的【文件】/【首选项】/【设置】命令，用于对工作界面、窗口、编辑器等进行个性化设置。

辅助面板(Panels)：在编辑区的正下方，用于切换不同的操作面板，例如输出、调试控制台、应用的检测提醒(错误和警告)或集成终端。

状态栏(Activity Bar)：位于主界面的底部，用于显示当前项目和正在编辑的文件的信息。

菜单栏：集成了所有的文件命令操作和窗口设置操作。一些面板上的常用命令也可以通过菜单栏找到并执行，实际使用时也可以从菜单栏中启动调试窗口和编辑窗口。

(5) 安装 open in browser 插件。单击活动栏中的插件模块图标(图 S1-11 中箭头①所指之处)，在搜索框中输入"open in browser"(图 S1-11 中箭头②所指之处)，搜索该插件。然后在列表中选择第一个搜索出来的 open in browser 插件，单击【安装】按钮进行安装(图 S1-11 中箭头③所指之处)。

图 S1-11   安装 open in browser 插件

实践 1.3

使用 VS Code 创建 Demo 页面——一个源码主题网站的首页。

【分析】

(1)　访问源码网首页(Demo 页面)，如图 S1-12 所示。

图 S1-12　源码网首页

(2)　分析源码网首页的结构组成，并使用 VS Code 完成源码网首页的制作。

【参考解决方案】

(1)　通过 VS Code 创建页面 indexInitial.html，编写页面代码，其中网页中涉及的表单暂时先不添加，代码如下：

```
<!--CodePub Team-->
<!DOCTYPE html >
<html xmlns="http://www.w3.org/1999/xhtml">
<head>
<meta charset="gb2312" />
<meta content="源码下载,asp 源码,PHP 源码,asp.net 源码,flash 源码,网站源码,代码,源代码,源码,源码网"
name="keywords" />
<meta content="源码网，提供最新免费源码和书籍教程高速下载" name="description" />
<title>源码网-下载源码就到源码网</title>
</head>
<body>
    <ul>
        <li class='White'>----:)欢迎访问源码网(:----</li>
        <li class='Boo'><a title='回到源码网首页' href='#'>首页</a></li>
......(代码省略)
```

```
                <li><a title="點擊以繁體中文方式瀏覽" name="StranLink" href="#">
                繁體中文</a></li>
        </ul>
<p id="banner">
        <center>
                <a href='#'><img src="./img/oxygen.gif" width=468 height=60></a>
        </center>
                <a href='#'>
                <img alt="源码网 - 中国第一源码门户" src="./img/logo.gif" width=240
        height=43>
                </a>
        <br/>
        <font color="#E5EEF5">选择镜像：</font>
                <a href="#">网通镜像</a> - <a href="#">电信主站</a>
        <ul>
                <li><a href="#" title="返回首页"><span>下载首页</span></a></li>
......(代码省略)
                <li><a href="#" title="常用软件下载"><span>常用软件</span></a></li>
        </ul>
        <a href="#" title="返回源码学院首页">学院首页</a>
        |<a href="#" title="新闻">新闻动态</a>
......(代码省略)
        |<a href="#" title="服务器">服务器</a>
        <center><!--开始-->
                <a href="#"><img src="./img/72e.net.gif" width="760" height="60">
                </a>
        <!--结束-->
        </center>
<span>
<a href="#" rel="exlink"><font color="FF000">发布您的源码作品！</font></a>
<a href="#">用户中心</a>
<a href="#" >
<IMG alt=添加到百度搜藏 src=".img/fav1.jpg" align=absMiddle border=0>  添加到百度搜藏
</a>
</span>
您的位置: <a href="#">网站首页</a>
        <ul>
                <li class="box_xs_c">
                        <a href="#">
                        <img src="./img/2009-08-26_051614.jpg" width="125"
```

```
                    height="95" border="0" />
                </a>
            </li>
            <li class="box_xs_c2">
                <a href="#" title="DedeCms 5.5 正式版 GBK Build 20100322 ">
                DedeCms 5.5 正式版..
                </a>
            </li>
        </ul>
......(代码省略)
        <ul>
            <li class="box_xs_c">
                <a href="#">
                <img src="./img/2008-04-26_204909.jpg" width="125"
                    height="95" border="0" />
                </a>
            </li>
            <li class="box_xs_c2">
                <a href="#" title="风讯 dotNETCMS 1.0 SP4 ">风讯 dotNETCMS 1.0 ..</a>
            </li>
        </ul>
<h3>编辑推荐</h3>
        <ul>
            <li>
                <a href="#">双线空间 30/年 海外空间 60/年
            </li>
            <li>
                <a href="#" title="网海拾贝，网贝">网贝 网贝建站</a>
            </li>
        </ul>
<h3>总下载排行</h3>
        <ul>
            <li>
                <a href="#" title="在线作业系统源码 累计下载 488223 次">
                    在线作业系统源码
                </a>
            </li>
            <li>
                <a href="#" title="Coolite Toolkit(ExtJS 可视化控件)
                    0.8.0 累计下载 466684 次">
```

```
                            Coolite Toolkit(ExtJS 可视化控件) 0.8.0
                    </a>
                </li>
            </ul>
<h3>推荐下载</h3>
            <ul>
                <li>
                    <a href="#" title="DedeCms 5.5 正式版 GBK Build 20100322
                        累计下载次">
                    DedeCms 5.5 正式版 GBK Build 20100322
                    </a>
                </li>
                <li>
                    <a href="#" title="帝国网站管理系统(EmpireCMS) v6.0 简体中文
                        GBK 开源版 Bulid 20100305 累计下载次">
                    帝国网站管理系统(EmpireCMS)v6.0 简体中文 GBK 开源版 Bulid20100305
                    </a>
                </li>
            </ul>
<h3>工具软件</h3>
            <ul>
                <li>
                    <a href="#" title="暴风影音 2012 3.10.04.10 简体中文官方安装版
                     累计下载次">
                    暴风影音 2012 3.10.04.10 简体中文官方安装版
                    </a>
                </li>
                <li>
                    <a href="#" title="Opera 10.52
                    Build 3338 多国语言绿色免费版 累计下载次">
                    Opera 10.52 Build 3338 多国语言绿色免费版
                    </a>
                </li>
            </ul>
<h3>本站信息</h3>
            <ul>
            <li>下载资源总数: 17269 个<br /> </li>
......(代码省略)
            <li>文章浏览总数: 2632523 次 </li>
            </ul>
```

```
<ul>
        <center>
        <iframe id="baiduframe" marginwidth="0" marginheight="0"
                scrolling="no" framespacing="0" vspace="0" hspace="0"
                frameborder="0" width="140 height="75" src="#">
        </iframe>
        </center>
</ul>
<h3><a href="software/new.html" title="最近更新软件">最新软件</a></h3>
        <ul class="com">
                <li>
                <span class='date'><font color="red">03/31</font></span>
                <a href="#" title="hubs1 酒店预订网站 v1.0">
                hubs1 酒店预订网站 v1.0</a>
                </li>
                <li>
                <span class='date'><font color="red">03/31</font></span>
                <a href="#" title="ShopNum1 联盟系统 v1.0">
                ShopNum1 联盟系统 v1.0</a>
                </li>
        </ul>
......(代码省略)
<h2><a href="#" title="更多编程相关...">编程相关</a></h2>
        <ul class="com">
                <li><span class='date'>03/25</span>
                <a href="#" title="VeryCD 电驴(easyMule)v1.1.13Build20100324 源代码">
                VeryCD 电驴(easyMule) v1.1.13 Build 20100324 源代码</a>
                </li>
                <li><span class='date'>03/15</span>
                <a href="#" title="一个自己做的 VC++漂亮窗口">
                一个自己做的 VC++漂亮窗口</a>
                </li>
        </ul>
        <h1 id="idx_news">友情链接    
                <a href="#">交换友情链接</a>
        </h1>
        <ul>
                <li>
                        <a href="#" >网贝建站</a>  
                        <a href="#" >普洱茶百科</a>  
```

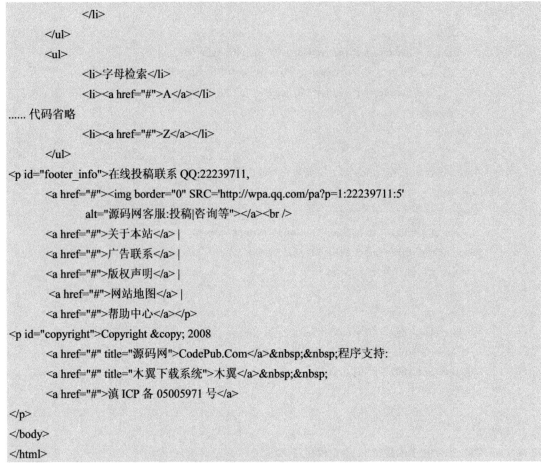

```
              </li>
         </ul>
         <ul>
              <li>字母检索</li>
              <li><a href="#">A</a></li>
...... 代码省略
              <li><a href="#">Z</a></li>
         </ul>
<p id="footer_info">在线投稿联系 QQ:22239711,
         <a href="#"><img border="0" SRC='http://wpa.qq.com/pa?p=1:22239711:5'
              alt="源码网客服:投稿|咨询等"></a><br />
         <a href="#">关于本站</a> |
         <a href="#">广告联系</a> |
         <a href="#">版权声明</a> |
          <a href="#">网站地图</a> |
         <a href="#">帮助中心</a></p>
<p id="copyright">Copyright &copy; 2008
         <a href="#" title="源码网">CodePub.Com</a>  程序支持:
         <a href="#" title="木翼下载系统">木翼</a>  
         <a href="#">滇 ICP 备 05005971 号</a>
</p>
</body>
</html>
```

(2) 在 Chrome 中运行该页面，显示效果如图 S1-13 所示。

图 S1-13　indexInitial.html 运行部分效果

运行后的页面与真实的源码网首页效果差别较大，这是因为还没有创建需要的样式表和 JavaScript，在后续的实践练习中会逐步完善此页面。

 **知识拓展**

1．滚动标签<marquee>

网页设计中经常需要在较小的范围内显示大量的内容，这就需要通过内容的滚动显示来得到较好的效果。HTML 的<marquee>标签可以让文字、图片甚至表格等对象在网页中滚动，其主要属性如表 S1-1 所示。

表 S1-1　　<marquee>标签属性

属　性	说　明
direction	移动的方向。值为 left，向左；为 right，向右；为 up，向上；为 down，向下
bihavior	移动的方式。值为 scroll 时代表环绕；为 slide 时代表只移动一次；为 alternate 时则会在页面范围中来回移动
loop	循环次数。默认为无限循环
scrollamount	移动速度
scrolldelay	多次移动之间的间隔时间

例如，使用<marquee>标签实现一个简单的文字滚动效果，代码如下：

```
<marquee direction="left" behavior="scroll" scrollamount="10" scrolldelay="500" style="color:#CC0033">这是一个移动标签！</marquee>
```

在 Chrome 中运行上述代码，显示效果如图 S1-14 所示。

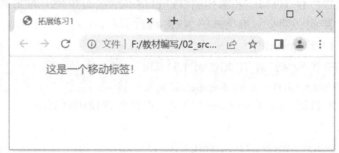

图 S1-14　文字滚动效果演示

2．文档类型

<!DOCTYPE>是文档类型(Document Type Defination，DTD)声明，位于文档中最前面的位置，处于<html>标签之前，用来指出浏览器按照什么规则解释 HTML 或 XHTML 中的标记。

需要注意的是，<!DOCTYPE>不是一个 HTML 标签，它只是一条浏览器指令，所以不需要成对出现。

常见的 DOCTYPE 声明如下：

(1) HTML 5：

```
<!DOCTYPE html>
```

(2) HTML 4.01 Strict：

```
<!DOCTYPE HTML PUBLIC "-//W3C//DTD HTML 4.01//EN" "http://www.w3.org/TR/html4/strict.dtd">
```

这个 DTD 包含所有 HTML 元素和属性，但不包括展示性的和弃用的元素(如 font)，也不允许使用框架集。

(3) HTML 4.01 Transitional：

```
<!DOCTYPE HTML PUBLIC "-//W3C//DTD HTML 4.01 Transitional//EN"
"http://www.w3.org/TR/html4/loose.dtd">
```

这个 DTD 包含所有 HTML 元素和属性，包括展示性的和弃用的元素(如 font)，但不允许使用框架集。

(4) HTML 4.01 Frameset：

```
<!DOCTYPE HTML PUBLIC "-//W3C//DTD HTML 4.01 Frameset//EN"
"http://www.w3.org/TR/html4/frameset.dtd">
```

这个 DTD 与 HTML 4.01 Transitional 相同，但是允许使用框架集。

(5) XHTML 1.0 Strict：

```
<!DOCTYPE html PUBLIC "-//W3C//DTD XHTML 1.0 Strict//EN"
"http://www.w3.org/TR/xhtml1/DTD/xhtml1-strict.dtd">
```

这个 DTD 包含所有 HTML 元素和属性，但不包括展示性的和弃用的元素(如 font)，也不允许使用框架集。结构必须按标准格式的 XML 进行书写。

(6) XHTML 1.0 Transitional：

```
<!DOCTYPE html PUBLIC "-//W3C//DTD XHTML 1.0 Transitional//EN"
"http://www.w3.org/TR/xhtml1/DTD/xhtml1-transitional.dtd">
```

这个 DTD 包含所有 HTML 元素和属性，包括展示性的和弃用的元素(如 font)，但不允许使用框架集。结构必须按标准格式的 XML 进行书写。

(7) XHTML 1.0 Frameset：

```
<!DOCTYPE html PUBLIC "-//W3C//DTD XHTML 1.0 Frameset//EN"
"http://www.w3.org/TR/xhtml1/DTD/xhtml1-frameset.dtd">
```

这个 DTD 与 XHTML 1.0 Transitional 相同，但是允许使用框架集。

(8) XHTML 1.1：

```
<!DOCTYPE html PUBLIC "-//W3C//DTD XHTML 1.1//EN"
"http://www.w3.org/TR/xhtml11/DTD/xhtml11.dtd">
```

该 DTD 与 XHTML 1.0 Strict 相同，但允许添加模块(如为东亚语言提供 ruby 支持)。

HTML 4.01 基于 SGML(Standard Generalized Markup Language，标准通用标记语言)，而 SGML 用 DTD 来定义每一种文档类型。所以在 HTML 4.01 文档中，<!DOCTYPE>声明需要对 DTD 进行引用，才能告知浏览器文档所使用的文档类型。

W3C 标准出来之前，浏览器对页面的渲染没有统一的标准，即采用的都是混杂模式；W3C 标准出来后有了统一的标准，即采用的是标准模式。如果网页没有<!DOCTYPE>声明或者<!DOCTYPE>声明错误(DTD 的 URL 错误等)，就以混杂模式解析，即兼容老版浏览器；如果网页有完整的<!DOCTYPE>声明，则一般都会以标准模式解析。

<!DOCTYPE html>是所有可用的<!DOCTYPE>之中最简单的，也是 HTML 5 所推荐的。HTML 5 不基于 SGML，因此不要求对 DTD 进行引用，但需要<!DOCTYPE html>声明来规范浏览器的行为。声明<!DOCTYPE html>，浏览器会默认开启标准模式，否则，部分浏览器会使用混杂模式渲染页面(但有些浏览器仍会按照标准模式来解析)。

拓展练习

练习 1.1　在页面中使用<marquee>标签实现图片从右向左滚动的效果。

练习 1.2　使用<marquee>标签向页面发送时间间隔为 1000 ms 的闪烁文字。

实践 2 表格和表单

 **实践指导**

实践 2.1

用表单创建用户注册表，用户信息包括用户名、密码、确认密码、性别、住址、爱好以及邮箱。

【分析】

(1) 用户单击源码网首页中的【注册】按钮时，会弹出一个新的页面 RegistForm.html，用于接收用户注册信息。

(2) RegistForm.html 页面中包含一个表单，用于用户在注册时填写个人基本信息，表单中包括用户名、密码、性别、爱好以及 E-mail。

(3) 表单中的信息使用表格进行组织，使之条理有序。

【参考解决方案】

(1) 表单中的元素。用户的信息包含用户名、密码、确认密码、性别、住址、爱好和邮箱，因此需要用到 text、password、checkbox 以及 button 等表单元素。

(2) 编写 RegistForm.html 页面。通过 VS Code 创建 RegistForm.html 文档，其中对用户名和密码的输入值做了限制，要求用户名必须由字母、数字或下画线组成，且长度在 6～10 位之间，密码的长度不能小于 8 位，具体代码如下：

```
<!DOCTYPE html >
<html xmlns="http://www.w3.org/1999/xhtml">
<head>
<meta charset="gb2312" />
<title>注册页面</title>
<style type="text/css">
        <!--
                input.text{width:180px;height:inherit}
                input.btn{width:60px}
```

```
        -->
</style>
<link href="css.css" rel="stylesheet" type="text/css" />
</head>
<body bgcolor="">
        <form>
                <table width="635" class="table_border">
                 <!--DWLayoutTable-->
                <tr>
                        <td width="59" height="18" align="right" valign="middle">
                                用户名：</td>
                        <td width="560" valign="middle">
                        <input type="text" name="userName" class="text" value=""/>
                        <font color="#FF3300" size="2px">
                        (*)用户名的长度为 6-10 位，只能以字母、数字或下画线组成</font></td>
                </tr>
                <tr>
                        <td height="18" align="right" valign="middle">密码：</td>
                        <td valign="middle">
                        <input type="password" name="psd" class="text" value=""/>
                        <font color="#FF3300" size="2px">
                                (*)密码长度不得小于 8 位</font></td>
                </tr>
                <tr>
                        <td height="18" align="right" valign="middle">
                                确认密码：<font color="#CC0000"></font></td>
                        <td valign="middle"><input type="password" name="conPsd"
                                class="text" value=""/>
                        <font color="#FF3300" size="2px">(*)</font></td>
                </tr>
                <tr>
                        <td height="22" align="right" valign="middle">性别：</td>
                        <td valign="middle">
                        <input type="radio" name="sex" value="maile"/>男
                                
                        <input type="radio" name="sex" value="femaile"/>女
                        </td>
                </tr>
                <tr>
                        <td height="21" align="right" valign="middle">所在省市：</td>
                        <td valign="middle">
                                <select name="province">
```

```
                    <option selected="selected">
                            -请选择所在省份-</option>
                    <option>山东</option>
                    <option>北京</option>
                    </select>
                    <select  name="city">
                    <option selected="selected">
                            -请选择所在城市-</option>
                    <option>青岛</option>
                    <option>济南</option>
            </select>
            </td>
    </tr>
    <tr>
            <td height="18" align="right" valign="middle">
                    住址：</td>
            <td valign="middle"><input type="text" name="address"
                    class="text" value=""/></td>
    </tr>
    <tr>
            <td height="42" align="right" valign="middle">
                    爱好：</td>
            <td valign="middle">
            <input type="checkbox" name="interest"
                    value="music"/>音乐
            <input type="checkbox" name="interest"
                    value="basketball"/>篮球
            <input type="checkbox" name="interest"
                    value="football"/>足球
            <input type="checkbox" name="interest"
                    value="reading"/>阅读
            <input type="checkbox" name="interest"
                    value="travel"/>旅游<br />
            <input type="checkbox" name="interest"
                    value="cuisine"/>厨艺
            <input type="checkbox" name="interest"
                    value="swim"/>游泳
            <input type="checkbox" name="interest"
                    value="mountaineer"/>登山
            <input type="checkbox" name="interest"
                    value="walk"/>漫步
            <input type="checkbox" name="interest"
```

```
                                    value="ski"/>滑雪
                    </td>
            </tr>
            <tr>
                    <td height="18" align="right" valign="middle">
                            邮箱：</td>
                    <td valign="middle">
                    <input type="text" name="email" class="text"
                            value=""/>
                    <font color="#FF3300" size="2px">
                            (*)请输入您最经常使用的邮箱</font>
                    </td>
            </tr>
            <tr>
                    <td height="27" colspan="2" align="center"
                            valign="middle">
                    <input type="button" name="submit" class="btn"
                            value="提交"/>
                            
                    <input type="button" name="back" class="btn"
                            value="返回"/>
                    </td>
            </tr>
        </table>
    </form>
</body>
</html>
```

通过 Chrome 查看该 HTML 网页，结果如图 S2-1 所示。

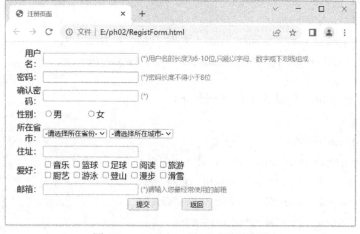

图 S2-1　RegistForm.html 页面演示

注意：图 S2-1 中的表单只是将用户需要提交的内容显示在页面中，但其中按钮的功能和表单数据的验证都没有实现，这些功能会在后续实践项目中完善。

实 践 2.2

实现源码网首页中的搜索和用户登录功能。

【分析】

(1) 源码网首页中的搜索和用户登录功能都需要通过表单实现。

(2) 搜索表单需要使用 text、select 和 submit 元素创建。

(3) 登录表单需要使用 text、password、button 和 submit 元素创建。

【参考解决方案】

(1) 创建搜索表单。搜索表单的代码如下：

```
<form action="#" method="post">
    <center><strong>热门搜索</strong>
    <a target="_blank" href="#">优化</a>
    <a target="_blank" href="#">blog</a>
    <a target="_blank" href="#">SEO</a>
    <a target="_blank" href="#">企业</a>
    <a target="_blank" href="#">故事</a>
    <a target="_blank" href="#">cms</a>
    <a target="_blank" href="#">论坛</a>
    <a target="_blank" href="#">IIS7</a>
    <a target="_blank" href="#">MySQL</a>
    <a target="_blank" href="#">个人</a>|软件搜索：
    <input type="text" name="keyword" class="s1" />
    <select name="area" id="s3">
        <option value="title">软件名称</option>
        <option value="content">软件介绍</option></select>
    <input type="submit" name="Submit" value="搜 索" title="立即搜索" />
    <a href="#" class="进入更详尽的软件搜索页面">高级搜索</a></center>
</form>
```

(2) 创建登录表单。登录表单的代码如下：

```
<h3>论坛登录</h3>
<form method="post" action="#">
    用户名: <input type="text" name="username" size="15">
    密   码: <input type="password" name="password" size="15">
    <input type="submit" name="loginsubmit" value="登录">
    <input type="button" value="注册" onclick="#">
    <input type="button" value="游客" onclick="#">
</form>
```

将上述代码分别粘贴到 Main.html 中，然后在 Chrome 中打开 Main 页面，其显示效果如图 S2-2 所示。

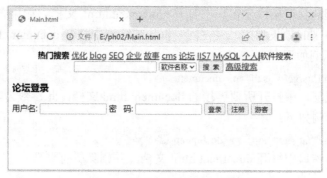

图 S2-2　搜索登录功能代码示例

图 S2-2 只是单纯地展示了表单的创建结果，而并未对其进行样式上的整理。

知识拓展

1. 表格的 cellspacing 和 cellpadding 属性

（1）cellspacing 属性：单元格间距。当一个表格有多个单元格时，各单元格的距离就是 cellspacing 的值；如果表格只有一个单元格，那么单元格与上、下、左、右边框的距离就是 cellspacing 的值。在缺省的情况下，cellspacing 值为 1。

（2）cellpadding 属性：单元格衬距，是指单元格里的内容与 cellspacing 区域的距离。如果 cellspacing 值为 0，则 cellpadding 表示单元格里的内容与表格周边边框的距离。

cellspacing 和 cellpadding 属性的比较如图 S2-3 所示。

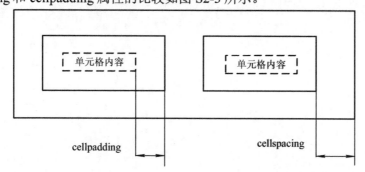

图 S2-3　cellpadding 和 cellspacing 的比较

2. 超链接的 target 属性

HTML 中超链接的 target 属性规定在何处打开被链接文档，只能在 href 属性存在时使用，主要有如下四种取值方式：

（1）_blank。示例如下：

```
<a href="document.html" target="_blank">my document</a>
```

浏览器另外打开一个新的浏览器窗口，以显示 document.html 文档。

(2) _parent。示例如下：

```
<a href="document.html" target="_parent">my document</a>
```

在该链接框架的父框架或父窗口中打开 document.html 文档。如果含有该链接的框架不是嵌套的，则与_self 效果相同，且在同一框架或窗口中打开 document.html。

(3) _self。示例如下：

```
<a href="document.html" target="_self">my document</a>
```

在同一框架或窗口中打开所要链接的 document.html 文档，此参数为默认值。

(4) _top。示例如下：

```
<a href="document.html" target="_top">my document</a>
```

在当前浏览器窗口中打开 document.html 文档，并删除所有框架。

 HTML5 不再允许把框架名称设定为目标，因为不再支持 frame 和 frameset。但是 HTML5 支持 iframe 框架。self、parent 及 top 这三个值大多数时候与 iframe 一起使用。

拓展练习

练习 2.1　创建一个 HTML 页面，在其<body>标签中创建一个两列一行的表格，设置其 cellpadding 和 cellspacing 属性，并演示显示效果。

练习 2.2　创建一个 HTML 页面，在其<body>标签中创建 4 个超链接，分别设置其 target 属性为_blank、_parent、_self、_top，创建一个测试 HTML 页面用于设置 href 属性的值，分别演示 target 四种属性值的作用。

实践 3　CSS 样式及页面布局

实践指导

实践 3.1

使用 VS Code 创建样式表。

【分析】

在 VS Code 中，可以使用内嵌样式、内部样式表和外部样式表三种方式为网页添加样式，使得网页更加美观并易于阅读。内嵌样式将 CSS 代码混合在标签中使用，内部样式表将 CSS 代码放在<style type="text/css">和</style>标签之间，而外部样式表将 CSS 代码放在后缀名为 .css 的单独文件中。

使用 VS Code 编写 CSS 样式表的主要步骤如下：

(1) 创建 CSS 文件。通过 VS Code 菜单栏或资源管理器面板均可创建 CSS 文件。

(2) 编写 CSS 代码。在样式表文件中，使用 CSS 语法来编写样式代码。

(3) 将样式表链接到 HTML 文件中。在 HTML 文件中，使用<link>标签将样式表引入到 HTML 文件中。

【参考解决方案】

使用 VS Code，设置 RegistForm.html 页面的 CSS 样式。

1. 创建 CSS 文件

在 VS Code 中创建 CSS 文件有两种方式：

(1) 选择 VS Code 菜单栏中的【文件】/【新建文件】命令，在弹出的界面中输入包含后缀的文件名全称 "registCss.css"，回车，即可创建 CSS 文件，如图 S3-1 所示。

图 S3-1　使用菜单栏命令创建 CSS 文件

(2) 在资源管理器面板中，单击已打开文件夹右侧的【新建文件】图标，输入包含后缀的文件名全称 "registCss.css"，回车，也可创建 CSS 文件，如图 S3-2 所示。

图 S3-2 使用资源管理器面板创建 CSS 文件

2．编写 CSS 代码

在 registCss.css 中编写如下 CSS 代码，对 RegistForm.html 页面中的<table>标签、按钮以及文本框的样式进行设置：

```
.table_border{
 background-color:#E5EEF5; font-size: 12px; border-bottom:1px #DDD
solid;border-left:1px #DDD solid;
}
.table_border td{border-top:1px #DDD solid;
        border-right:2px #DDD solid;}
.btn{border-right: #7b9ebd 1px solid;
        padding-right: 2px; border-top: #7b9ebd 1px solid;
        padding-left: 2px; font-size: 12px;
        background-color: #FFFFFF;border-left: #7b9ebd 1px solid;
        cursor: hand; color: black;
        padding-top: 2px; border-bottom: #7b9ebd 1px solid}
input.text{
        background-color:#FFFFFF;
        widht:30%;
        float:left;
        border:1px ridge #000000;
}
```

3．将样式表文件 registCss.css 链接到 RegistForm.html 页面中

在 RegistForm.html 文件中的<head>和</head>标签之间添加如下代码：

```
<link href="registCss.css" rel="stylesheet" type="text/css" />
```

上述代码使用<link>标签将 registCss.css 文件链接到 RegistForm.html 页面中。

在 Chrome 中运行 RegistForm.html 页面，其显示效果如图 S3-3 所示。

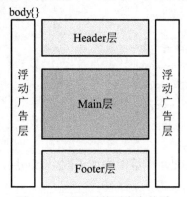

图 S3-3 RegistForm.html 页面效果演示

实践 3.2

对源码网首页进行 DIV+CSS 布局。

【分析】

(1) 根据源码网首页的布局，划分出主要的 div 层，并生成页面布局草图。

(2) 创建 index.html 和 css.css 文件，并将 CSS 文件导入到 index 页面中。

(3) 根据布局草图，在 index 页面的\<body>标签中创建各个 div 层。

【参考解决方案】

1. 首页分层

打开源码网首页，可以将页面大致分为以下几个部分：

◇ Header 部分，其中包括了源码网的 Logo、导航栏和一幅广告图片。

◇ 浮动广告部分，共有左右两个浮动广告层。

◇ Main 部分，整个网页的核心部分，包含了推荐软件、登录部分以及网页提供的各种下载资源部分。

◇ Footer 部分，包含了一些关于网站的版权信息等内容。

源码网首页各层之间的嵌套关系如图 S3-4 所示。页面划分结果如图 S3-5 所示。

图 S3-4 源码网首页嵌套关系

图 S3-5　源码网首页

2. 编写 HTML 代码和 CSS 样式

创建 index.html 页面，代码如下：

```
<!DOCTYPE html>
<html>
<head>
        <title>源码网-下载源码就到源码网</title>
        <link rel="stylesheet" type="text/css" href="./css.css" />
</head>
<body>
        <div id="header"><!--页面头部--></div>
        <div id="main"><!--页面主体--></div>
        <div id="footer"><!--页面底部--></div>
        <div id="l1"><!--页面广告层--></div>
</body>
</html>
```

上述代码根据层结构在<body>标签中添加了四个 div 层，并使用<link>标签将 CSS 文件链接到该页面中。

创建 css.css 样式文件，代码如下：

```
/*基本信息*/
body{ margin:0; color:#111; font:12px/1.5em Arial, Tahoma, Verdana, Sans-Serif !important; font:11px/1.8em
Verdana, Arial, Tahoma, Sans-Serif;     text-align:center; }


/*页面头部*/
#header{width:800px;margin:0 auto;height:100px;background:#FFCC99}
/*页面主体*/
#main{width:800px;margin:0 auto;height:600px;background:#CCFF00}
/*页面底部*/
#footer{width:800px;margin:0 auto;height:80px;background:#00FFFF}
```

上述代码分别针对 index.html 页面中的 header、main 和 footer 三个 div 层进行样式定义，使页面结构能够清晰地分辨出来。

通过 Chrome 查看该 HTML，结果如图 S3-6 所示。

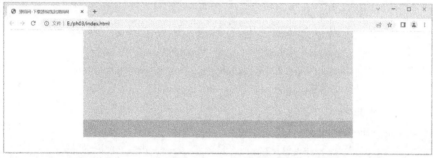

图 S3-6　三个 div 层示意

3.　Header 层编码实现

Header 层主要包括了一个网站 Logo、一张广告图片和一个网站导航栏，因此可在 Header 中划分六个小的 div 层，如图 S3-7 所示。

图 S3-7　Header 中 div 层的划分

根据图 S3-7 中的标注，对 Header 层进行划分的代码如下：

```
<div id="header">
    <div id="header_bg">
        <div id="topNav">
            <ul>
                <li class='White'>----:)欢迎访问源码网(:----</li>
                <li class='Boo'>
```

```
                            <a title='回到源码网首页' href='index.html'>
                            首页</a></li>
                    <li><a title='免费个人门户' href='#' target='_blank'>
                            博客</a></li>
                    <li><a title='源码学院' href='#' target='_blank'>
                            源码学院</a></li>
......(省略)
                    <li><a title="點擊以繁體中文方式浏覽" name="StranLink"
                            href="#">
                            繁體中文</a></li>
            </ul>
        </div><!--topNav-END-->
        <div id="top">
            <div id="top_flot">
                <p id="banner">
                <center><a href='#' target=_about>
                <img    src="./images/oxygen.gif" width=468 height=60>
                </a></center>
            </div>
            <div id="logo">
                <a href='index.html'>
                <img alt="源码网 - 中国第一源码门户"
            src="./images/logo.gif" width=240 height=43></a>
                <br>
                <font color="#E5EEF5">选择镜像：</font>
                <a href="#">网通镜像</a> -
                <a href="#">电信主站</a>
            </div>
        </div><!--top-END-->
        <div id="nav">
            <ul>
                <li><a href="#" title="返回首页">
                        <span>下载首页</span></a></li>
                <li><a href="#" title="ASP 源码下载">
                <span>ASP 源码</span></a></li>
                <li><a href="#" title="PHP 源码下载">
                <span>PHP 源码</span></a></li>
......(省略)
                <li><a href="#" title="常用软件下载">
                <span>常用软件</span></a></li>
```

```
                </ul>
        </div><!--nav-END-->
        <div id="sub_nav">
                <a href="#" title="返回源码学院首页">学院首页</a>
                | <a href="#" title="新闻">新闻动态</a>
.....(省略)
                | <a href="#" title="服务器">服务器</a>
        </div><!--sub_nav-END-->
        <div id="search">
                <form action="/d/search.php?mod=do&n=1" method="post">
                        <center>
                                <strong>热门搜索</strong>
                                        <a target="_blank" href="#">优化</a>
                                        <a target="_blank" href="#">blog</a>
                                        <a target="_blank" href="#">SEO</a>
                                        <a target="_blank" href="#">企业</a>
                                        <a target="_blank" href="#">故事</a>
                                        <a target="_blank" href="#">cms</a>
                                        <a target="_blank" href="#">论坛</a>
                                        <a target="_blank" href="#">IIS7</a>
                                        <a target="_blank" href="#">MySQL</a>
                                        <a target="_blank" href="#">个人</a>|软件搜索:
                                        <input type="text" name="keyword"
                                                class="s1"      />
                                        <select name="area" id="s3">
                                                <option value="title">软件名称</option>
                                                <option value="content">软件介绍
                                                </option>
                                        </select>
                                        <input type="submit" name="Submit"
                                                value="搜 索" class="s2"
                                                title="立即搜索" />
                                        <a href="#" class="进入更详尽的软件搜索页面">
                                                高级搜索</a>
                        </center>
                </form>
        </div><!--search-END-->
        <div id="codepubad">
                <center>
                        <a href="#" target="_about">
```

```
                        <img src="./images/72e.net.gif"
                            width="760" height="60">
                  </a>
              </center>
          </div><!--codepubad-END-->
      </div><!--header_bg-END-->
</div>
```

通过 Chrome 查看修改后的 HTML 网页，结果如图 S3-8 所示。

图 S3-8　Header 层页面元素效果 1

由图 S3-8 可知，Header 层中的内容已经全部显示在了页面中，只需为其加上样式即可完成对 Header 层的设计，其样式的 CSS 代码如下：

```css
#header, { margin:0 auto; width:760px; clear:left; display:block; }
#header { border-top:0px solid #2C4C78; }

#nav a:link,
#nav a:visited,
#nav a:hover,
#nav a:active { color:#369; text-decoration:none; }
#nav{ border-bottom:2px solid #FFF; float:left; width:100%;
        background:url(../images/nav_b.gif) #E5EEF5 repeat-x bottom; }
#nav li{ display:inline; line-height:110% !important; line-height:130%; }
#nav a{ border-bottom:1px solid #9BB4D1; float:left; font-weight:bold; text-decoration:none;
background:url(../images/nav_r.gif) no-repeat right top; }
#nav a:hover  { background-position:100% -50px; }
#nav span{ padding:6px 12px 4px 12px; float:left; display:block;
```

```
                      white-space:nowrap; background:url(../images/nav_l.gif)
                      no-repeat left top; }
#nav span{ float:none; }
#nav a:hover span { background-position:0% -50px; }
#nav li#sel a{ border-width:0px; background-position:100% -50px; }
#nav li#sel span{ padding-bottom:5px; background-position:0% -50px; }
#sub_nav { padding:0 0 2px 0px; display:block; background:#FFF; }
#sub_nav,
#sub_nav a:link,
#sub_nav a:visited,
#sub_nav a:active    { color:#2C4C78; }
#sub_nav a{ padding:0 2px; }
#search   { padding:0px 0px; text-align:right; background:#E5EEF5; border-top:1px solid #84B0C7;border-
bottom:1px solid #84B0C7;}
#codepubad{ padding:0px 0px; text-align:right; background:#E5EEF5;
                      border-top:0px solid #84B0C7;border-bottom:0px solid #84B0C7;}


#topNav {
      clear: both;
      float: left;
      width: 760px;
      background: #E5EEF5;
      padding: 5px 5px 1px 8px;
      voice-family: "\"}\"";
      voice-family: inherit;
      width: 747px;
      text-align: right;
}
#topNav ul {float: right;}
#topNav li {float: left;}
#topNav li a {margin: 0 4px 0 2px;}
#topNav li.Boo {
      font-weight: bold;
      padding-left: 10px;
}
#topNav li.White {
      font-weight: bold;
      color:#E5EEF5;
```

```
}

#top{ padding:0 0 3px 0; width:760px; text-align:left; background:#E5EEF5; no-repeat 0px 0px; }
#top_flot { float:right; }
#logo{ margin:0; padding-left:10px; padding-top:2px;}
```

通过 Chrome 查看修改后的 HTML 网页，显示效果如图 S3-9 所示。

图 S3-9　Header 层页面样式演示 2

 在对 Header 层添加样式之前，需要对整个页面添加一些公共的样式，主要有<body>标签的样式、页面中超链接的样式、各种空间标签的样式等，因篇幅问题在此不列出详细代码。

4．Main 层编码实现

Main 层显示网页的主要内容，包含用户登录、提供下载的各种源码、字母检索、图片广告等。可将 Main 层划分为如图 S3-10 所示的结构。

图 S3-10　Main 层划分示意

Main 层的代码如下:

```
<div id="main">
    <div id="u_place">
        <span>
            <a href="#" rel="exlink"><font color="FF000">发布您的源码作品!
                </font></a>
            <a href="#">用户中心</a>
            <a href="#" style="color:#000000;text-decoration:none;
                font-size:12px;font-weight:normal">
                <img alt=添加到百度搜藏 src="./images/fav1.jpg"
                        align=absMiddle  border=0> 添加到百度搜藏
            </a>
        </span>
        您的位置: <a href="index.html">网站首页</a>
......(省略)
    </div><!--currentTime-END-->
    </div><!--u_place-END-->
    <div id="commend">
        <div class="box_xs">
            <ul>
                <li class="box_xs_t"> </li>
                <li class="box_xs_c"><a href="#">
                <img src="./images/2009-08-26_051614.jpg" width="125"
                height="95" border="0" /></a></li>
                <li class="box_xs_c2">
                        <a href="#" title="DedeCms 5.5 正式版 GBK Build
                            20100322 ">DedeCms 5.5 正式版..</a></li>
                <li class="box_xs_b"> </li>
            </ul>
        </div><!--box_xs-END-->
......(省略)
        <div class="box_xs">
            <ul>
                <li class="box_xs_t"> </li>
                <li class="box_xs_c">
                    <a href="#">
                        <img src="./images/2008-04-26_204909.jpg"
                            width="125" height="95" border="0" />
                    </a></li>
                <li class="box_xs_c2">
```

```
                                    <a href="#" title="风讯 dotNETCMS 1.0 SP4 ">
                                       风讯 dotNETCMS 1.0 ..</a></li>
                            <li class="box_xs_b"> </li>
                    </ul>
            </div><!--box_xs-END-->
    </div><!--commend-END-->
<span class="cls"></span>
<div id="left">
<div class="box_s">
        <div class="box_s_t"> </div><!--box_s_t-END-->
        <div class="box_s_c">
                <h3>论坛登录</h3>
                <!--<ul>-->
                    <div id="login">
                        <form method="post" action="#">
                            <div class="username">  用户名:
                                <input type="text" name="username"
                                size="15"></div>
                    <!--username-END-->
                            <div class="password">
                              密   码:
                            <input type="password" name="password"
                            size="15"></div><!--password-END-->
                            <div class="login">
                              
                            <input type="submit" name="loginsubmit"
                    value="登录">
                            <input type="button" value="注册"
                    onClick="openRegist()">
                            <input type="button" value="游客"
                            onClick="">
                            </div><!--login-END-->
                        </form>
                    </div><!--login-END-->
        </div><!--box_s_c-END-->
        <div class="box_s_b"> </div><!--bos_s_b-END-->
</div><!--box_s-END-->
<div class="box_s">
        <div class="box_s_t"> </div><!--box_s_t-END-->
        <div class="box_s_c">
```

```
                <h3>编辑推荐</h3>
                <ul>
                        <li><a href="#" target="_blank">
                                双线空间 30/年 海外空间 60/年</li>
                        <li><a href="#" target="_blank">
                                买普洱茶就到 51 普洱网</a></li>
                </ul>
        </div><!--box_s_c-END-->
        <div class="box_s_b"> </div><!--box_s_b-END-->
    </div><!--box_s-END-->
......(省略)
    <div class="box_s">
        <div class="box_s_t"> </div>
        <div class="box_s_c">
                <h3>本站信息</h3>
                <ul>
                        <li>下载资源总数: 17269 个<br /> </li>
                        <li>今日更新下载: 19 个 <br /> </li>
                </ul>
        </div>
        <div class="box_s_b"> </div>
    </div>
    </div><!--left-END-->
    <div id="right">
    <div class="box_m_left">
        <div class="box_m_t"> </div>
        <div class="box_m_c">
                <h3><a href="#" title="最近更新软件">最新软件</a></h3>
                <ul class="com">
                        <li><span class='date'><font color="red">03/31</font>
                                </span><a     href="#" title="hubs1 酒店预订网站 v1.0">
                                hubs1 酒店预订网站 v1.0</a></li>
                        <li><span class='date'><font color="red">03/31</font>
                                </span><a href="#" title="ShopNum1 联盟系统 v1.0">
                                ShopNum1 联盟系统 v1.0</a></li>
                </ul>
        </div>
        <div class="box_m_b"> </div>
    </div>
```

```
    <div class="box_m_right">
        <div class="box_m_t"> </div>
        <div class="box_m_c">
            <h2><a href="#" title="更多书籍教程...">书籍教程</a></h2>
            <ul class="com">
                <li><span class='date'><font color="red">03/31</font>
                    </span><a href="#" title="网络技术基础讲座">
                    网络技术基础讲座</a></li>
                <li><span class='date'><font color="red">03/31</font>
                    </span><a href="#" title="计算机网络教程 第 3 版">
                    计算机网络教程 第 3 版</a></li>
            </ul>
        </div>
        <div class="box_m_b"> </div>
    </div>
    <div class="box_l">
        <div class="box_l_t"> </div>
        <div class="box_l_c" id="news">
            <center><a href='#' target=_about>
            <img src="./images/0903/ad_505_60.gif" width=505
                height=60></a></center>
        </div>
        <div class="box_l_b"> </div>
    </div>
......(省略)
    <div class="box_l">
        <div class="box_l_t"> </div>
        <div class="box_l_c" id="news">
            <h1 id="idx_news">友情链接    
            <a href="#" target="_blank">交换友情链接</a></h1>
                <ul>
                    <li>
                        <a href="#" target="_blank">网页建站</a>
                          <a href="#" target="_blank">
                        普洱茶百科</a>  
......(省略)
                        <a href="#" target="_blank">茶客</a>
                          
                    </li>
                </ul>
```

```
            </div>
            <div class="box_l_b"> </div>
        </div>
    </div><!--right-END-->
    <!--right end -->
    <span class="cls"></span>
    <div id="dzimu">
        <ul>
            <li>字母检索</li>
            <li><a href="#">A</a></li> <li><a href="#">B</a></li>
            <li><a href="#">C</a></li> <li><a href="#">D</a></li>
......(省略)
            <li><a href="#">Y</a></li> <li><a href="#">Z</a></li>
        </ul>
    </div>
</div><!--main-END-->
```

打开 Chrome 浏览器，执行上述代码，页面显示效果仍与加入 Header 层代码时相同。但这时 Main 层的内容只是罗列在页面中，需要为其加入 CSS 样式代码。

在 css.css 文件中加入如下代码：

```
#main,
#main_php,{ margin:0 auto; width:760px; clear:left; display:block; }
#main        { padding-bottom:10px; text-align:left; background:#F6F6F6;}
#main_php    { padding-bottom:10px; text-align:left; background:#FFF;}/* for php */
#main table.swf { border-top:1px solid #2C4C78; border-bottom:0px solid #2C4C78; }/*760x50 banner*/
#right        { float:right; width:555px; overflow:hidden; }
#left         { float:left; width:190px; }
#left a:link,
#left a:visited  { color:#111; }

#commend   { margin:0 0 0 10px; padding-bottom:10px !important; }
#commend div.box_xs { margin-right:5px; float:left;width:144px; text-align:center; background:#FFF; }
#commend li.box_xs_t { background:url(../images/box_xs_t.gif) no-repeat left top; margin-bottom:-13px; }
#commend li.box_xs_c { border-left:1px solid #84B0C7; border-right:1px solid #84B0C7; height:95px; }
#commend li.box_xs_c2{ border-left:1px solid #84B0C7; border-right:1px solid #84B0C7; height:24px; margin-top:-3px; }
#commend li.box_xs_b { background:url(../images/box_xs_b.gif) no-repeat left bottom; margin-top:-14px; }

.box_s    { width:180px; margin:10px 0px 0px 10px; }
.box_l    { width:545px; margin:10px 10px 0 0; overflow:hidden; clear:both;}
.box_s_t  { background:url(../images/box_s_t.gif) no-repeat left top; margin-bottom:-13px; }
```

Web 编程基础

```css
.box_s_c h2    { background:#F3E5E5; border-left:3px solid #FFF; border-right:3px solid #FFF; text-align:center; }
.box_s_c h4    { background:#F3F3E5; border-left:3px solid #FFF; border-right:3px solid #FFF; text-align:center; }
.box_s_c h3,
.box_s_c_ann h3{ background:#E5E6F3; border-left:3px solid #FFF; border-right:3px solid #FFF; text-align:center; }
.box_s_c_ann ul li { list-style-type:none; list-style-position:outside; padding:2px 0 !important; padding:0; border-top:1px solid #FFF; border-left:3px solid #FFF; border-right:3px solid #FFF; }
.box_s_c li { list-style-type:none; list-style-position:outside; padding:0px 0 !important; padding:0; border-top:1px solid #FFF; border-left:3px solid #FFF; border-right:3px solid #FFF;margin:0px 0px 0px 0px; height: 21px; overflow : hidden; }
.box_s_c li { padding-left:12px !important; padding-left:10px; background-position:2px 6px !important; background:url(../images/pub_li.gif) #EEE no-repeat 2px 8px; color:#999; }
.box_s_b      { margin-top:-15px; background:url(../images/box_s_b.gif) no-repeat left bottom; }
.box_m_left { margin:0 15px 0 0; width:265px; float:left; clear:left; }
.box_m_right { width:265px; float:left; }
.box_m_t    { margin:10px 0 -13px 0; background:url(../images/box_m_t.gif) no-repeat left top; }
.box_m_c    { background:#FFF; }
.box_m_b    { margin-top:-15px; background:url(../images/box_m_b.gif) no-repeat left bottom; margin-bottom:10px !important; margin-bottom:0; }
.box_l_t { margin-bottom:-13px; background:url(../images/box_l_t.gif) #FFF no-repeat left top; }
.box_l_c { background:#FFF; }
.box_l_b { margin-top:-15px; background:url(../images/box_l_b.gif) no-repeat left bottom; clear:both;}
.box_l_c,
.box_m_c,
.box_s_c,
.box_s_c_ann{ padding:1px 3px;border-left:1px solid #84B0C7;border-right:1px solid #84B0C7; }
/* 新闻快讯 */
#news ul li { padding:0 5px; border-bottom:1px dashed #eee;}
#news span { font-size:10px; color:#e03; padding-right:5px; }

#right .more a:hover { background:#fff; text-decoration:none; }
#right h1#articlename { padding:2px 0px 2px 28px; background:url(../images/document.gif) #E5EEF5 no-repeat 6px 3px; border-bottom:1px solid #FFF; }

#right .div_r    { padding-bottom:10px; border:1px #2C4C78 solid; background:#F6F6F6; }
#right .div_r li { border-bottom:#FFF 1px solid;}
```

· 240 ·

#right h1#new_atc a　{ padding-left:28px; display:block; background:url(../images/new_atc.gif) #FFF no-repeat 6px 2px; font-size:12px;}

#right h1#dl_idx_new a,

#right h1#new_soft a { padding-left:28px; display:block; background:url(../images/new_soft.gif) #FFF no-repeat 6px 2px; font-size:12px; }

#right h1#new_atc a:hover,

#right h1#dl_idx_new a:hover,

#right h1#new_soft a:hover　{ text-decoration:none; }

#right h1#map　　　{ background:url(../images/sitmap.gif) #E5EEF5 no-repeat 6px 3px; border:0px solid #C7C783; }

#right h1#idx_news { background:url(../images/news_add.gif) #E5EEF5 no-repeat 6px 2px; border:0px solid #8388C7; }

#right h1#map,

#right h1#idx_news { padding:2px 0 0 28px; font-size:12px; /* voice-family:"\"}\""; voice-family:inherit; width:70px; */}

#right h1#softwarename { padding:2px 0 2px 28px; border:0px solid #84B0C7; background:url(../images/software.gif) #E5EEF5 no-repeat 6px 4px; line-height:1.5em;}

#right h2　　　{ background:url(../images/new_soft.gif) #E5EEF5 no-repeat 6px 2px; padding:2px 0px 2px 28px; }

#right h3　　　{ background:url(../images/software_ok.gif) #E5EEF5 no-repeat 6px 2px; padding:2px 0px 2px 28px; }

#right .div_ra　{ border-top:1px solid #9BB4D1; border-bottom:1px solid #2C4C78; background:#9BB4D1;}

#right .div_rz　{ padding: 2px; border-top:1px solid #FFF;}

#right ul.new,

#right ol.new　{ padding-left:30px; list-style:url(../images/15.gif);}

#right ul.com li,

#right ol.new li { border-bottom:1px dashed #eee; padding:0px 0 !important; padding:0; height: 22px; overflow : hidden; }

#right ul.com,

#right ol.com　{ padding-left:22px; list-style:url(../images/16.gif); }

#right ul.com span,

#right ol.com span { padding-top:4px;}

#u_place { margin:0 0 10px; padding:3px 10px; background-color:#FFF; border-top:1px solid #2C4C78; border-bottom:1px solid #84B0C7; }

#u_place span { float:right; padding-left:20px; background:url(../images/user_login.gif) no-repeat 0px 0px;}

#dzimu　{ padding:10px; float:left; }

#dzimu ul　{ clear:both; height:15px;}

#dzimu li　{ margin:0 4px 0 0; float:left; padding-left:5px; padding-right:5px; font-size:14px; border:1px solid #84B0C7; background:#E5EEF5; text-align:center;}

```
#dzimu li a { background:#E5EEF5; display:block; }
#dzimu li a:hover{ background:#FFF; text-decoration:none; }
.cls { clear:both; display:block; }
```

为 Main 层加入 CSS 代码后,页面显示效果与图 S3-10 相同。

5. Footer 层和浮动广告层编码实现

Footer 层主要包含网站的版权信息及联系方式等内容,而浮动广告层则只包含广告的图片。Footer 层和浮动广告层的代码如下:

```
<div id="footer">
        <p id="footer_info">在线投稿联系 QQ:22239711,
            <a href="#"; target="_blank"; onClick="">
            <img border="0" src='./images/qq.gif' alt="源码网客服:投稿|咨询等">
            </a><br />
            <a href="#">关于本站</a> | <a href="#">广告联系</a> | <a href="#">
            版权声明</a> |<a href="#">网站地图</a> | <a href="#">帮助中心</a>
        </p>
<p id="copyright">Copyright &copy; 2008
        <a href="#" title="源码网">CodePub.Com</a>  程序支持:
        <a href="#" target="_blank" title="木翼下载系统">木翼</a>  
        <script language="javascript" type="text/javascript" src="#"></script>
        <noscript>
    <a href="#" target="_blank"><img alt="#" src="#" style="border:none"/>
    </a>
        </noscript>  
        <a href="#" target="_blank">滇 ICP 备 05005971 号</a>
</p>
</div><!--footer-END-->
<div class="l1"><!--浮动广告层--><img src="./images/xunbiz.gif" /></div><!--浮动广告层-END-->
```

只需为 Footer 层和浮动广告层添加如下 CSS 代码即可:

```
/***************Footer 部分***************************/
#footer{ margin:0 auto; width:760px; clear:left; display:block; }
#footer{ clear:both;text-align:center; padding:10px 0; border-bottom:0px solid #9BB4D1; border-top:0px solid
#9BB4D1; background:#FFF; }
#footer_info{ margin:0; padding-bottom:8px; color:#2C4C78; }
#footer_info a { padding:0 5px;}
.footer { font-weight:bold; text-align:center; border-left:1px solid #9BB4D1; border-right:1px solid #9BB4D1; }
#copyright { font:10px Verdana, Sans-Serif; margin:0; }
/**************浮动广告层***************************/
.l1 {width:80px;height:80px;background:red;float:right;
        position:fixed !important; top/**/:200px;
        position:absolute;
```

z-index:300; top:expression(offsetParent.scrollTop+200);left:20px;}

至此，整个源码网页面已经完全实现，双击打开 index.hmtl 页面，其运行结果与图 S3-5 所示结果相同。

 知识拓展

1. margin 属性和 padding 属性的用法

(1) margin 属性可应用于大多数的元素，除了表格显示类型(不包括 table-caption、table 和 inline-table)的元素。

margin 属性有以下四种用法：

① 按照上、右、下、左的顺序，设置元素外边距的值。

margin:10px 5px 15px 20px;

② 按照上、左、右、下的顺序，设置元素外边距的值。

margin:10px 5px 15px;

③ 按照上、下、左、右的顺序，设置元素外边距的值。

margin:10px 5px;

④ 统一设置四个外边距的值。

margin:10px;

(2) padding 属性用来设置元素的四个内边距，用法与 margin 属性相似。

> 如果一个元素既有内边距又有背景，视觉上可能会延伸到其他行，有可能还会与其他元素重叠。另外，padding 属性不允许使用负值。

通过设置表格的 margin 和 padding 属性来演示其使用方法，代码如下：

```
<!DOCTYPE html>
<html>
<head>
<meta charset="gb2312" />
<title>无标题文档</title>
<style type="text/css">
    .outer{
        width:500px;
        height:200px;
        background:#000;
    }
    .inner{
        float:left;
        width:150px;
        height:100px;
```

```
            margin:20px;
            background:#fff;
            padding:20px;
        }
</style>
</head>
<body>
    <div class="outer">
            <div class="inner">DIV1</div>
            <div class="inner">DIV2</div>
    </div>
</body>
</html>
```

上述代码设置了块 DIV1 和块 DIV2 的 margin 和 padding 属性，其范围如图 S3-11 所示。

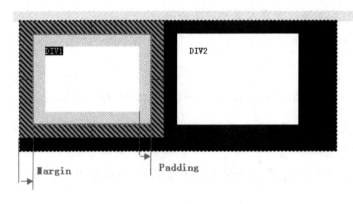

图 S3-11　margin 和 padding 属性设置范围

2.　\<li\>标签前面的图标样式

经常在网页中看到列表项是以一个小图标开始的，这些图标样式可通过如下两种方法来实现：

(1) 利用伪类 before。其语法格式如下：

```
li:before{content: url(图标路径);}
```

该方法的优点是使用方便、代码简洁、不会发生错位——例如一个 10*10 的图标放在 12px 的字体前面，不会发生明显的错位；缺点是实现图标和字体之间的空格比较麻烦——除非把图标改成 20*10，把画布加宽才可以实现，并且不是所有的浏览器都支持——IE8 以下的浏览器都不支持。

(2) 利用 list-style 属性。通过 list-style-type 可以改变\<li\>标签前面小点的样式，其语法格式如下：

```
list-style-type:disc|circle|square|decimal|lower-roman...
```

通过 list-style-image 可以将前面小点替换为小图标，其语法格式如下：

list-style-image:none|url(...)

使用 list-style-image 在<li>标签前加入一张小图片作为图标，示例代码如下：

```
<!DOCTYPE html>
<html>
<head>
<meta charset="gb2312" />
<title>li 标签前添加图片演示</title>
<style type="text/css">
    li{
            line-height:20px;
            list-style-image:url(./images/16.gif);
            height:20px;
            text-indent:20px;
    }
</style>
</head>
<body>
    <ul>
            <li>面包</li>
            <li>牛奶</li>
            <li>咖啡</li>
    </ul>
</body>
</html>
```

通过 Chrome 查看该 HTML，效果如图 S3-12 所示。

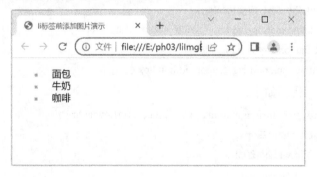

图 S3-12　使用 list-style-image 加入图标样式的效果

3. DIV 设计中的常用关键字

由于项目中编写文档结构和 CSS 的人员较多，并且要与后台程序设计人员协同工作，因此需要统一 class 与 id 的名称。下面总结了一些常用关键字，如表 S3-1 所示。

表 S3-1 DIV 中常用关键字

关 键 字	说 明	关 键 字	说 明
container/box	容器	keyword	搜索关键字
header	头部	range	搜索范围
mainNav	主导航	tagTitle	标签文字
subNav	子导航	tagContent	标签内容
topNav	顶导航	tagCurrent/currentTag	当前标签
logo	网站标识	title	标题
banner	大广告	content	内容
mainBody	页面中部	list	列表
footer	底部	currentPath	当前位置
menu	菜单	sidebar	侧边栏
menuContent	菜单内容	icon	图标
subMenu	子菜单	note	注释
subMenuContent	子菜单内容	login	登录
search	搜索	register	注册

4. CSS 常用布局实例

(1) 单行一列。代码如下：

```
body{margin:0px;padding:0px;text-align:center;}
#content{margin-left:auto;margin-right:auto;width:400px;}
```

(2) 两行一列。代码如下：

```
body{margin:0px;padding:0px;text-align:center;}
#content-top{margin-left:auto;margin-right:auto;width:400px;}
#content-end{margin-left:auto;margin-right:auto;width:400px;}
```

(3) 三行一列。代码如下：

```
body{margin:0px;padding:0px;text-align:center;}
#content-top{margin-left:auto;margin-right:auto;width:400px;width:370px;}
#content-mid{margin-left:auto;margin-right:auto;width:400px;}
#content-end{margin-left:auto;margin-right:auto;width:400px;}
```

(4) 单行两列。代码如下：

```
#bodycenter{width:700px;margin-right:auto;margin-left:auto;overflow:auto;}
#bodycenter#dv1{float:left;width:280px;}
#bodycenter#dv2{float:right;width:420px;}
```

(5) 两行两列。代码如下：

```
#header{width:700px;margin-right:auto;margin-left:auto;overflow:auto;}
#bodycenter{width:700px;margin-right:auto;margin-left:auto;overflow:auto;}
#bodycenter#dv1{float:left;width:280px;}
#bodycenter#dv2{float:right;width:420px;}
```

(6)　三行两列。代码如下：

```
#header{width:700px;margin-right:auto;margin-left:auto;}
#bodycenter{width:700px;margin-right:auto;margin-left:auto;}
#bodycenter#dv1{float:left;width:280px;}
#bodycenter#dv2{float:right;width:420px;}
#footer{width:700px;margin-right:auto;margin-left:auto;overflow:auto;clear:both;}
```

练习 3.1　使用<table>标签演示单元格的 margin 和 padding 属性，并理解其区别。

练习 3.2　使用 DIV+CSS，模仿海尔智家网站首页(https://smart-home.haier.com//)进行网页布局，并运用 list-style 设置其中<li>标签的样式。

实践 4 JavaScript 基础

实践指导

实 践 4.1

用户输入成绩，程序输出相应的成绩等级。要求成绩必须在 0 至 100 之间，否则提示错误并要求重新输入，成绩等级分为优秀、良好、中等、及格和不及格。

【分析】

(1) 使用 prompt()函数接收用户输入的成绩。

(2) 使用 parseInt()函数将输入字符串转换成整数。

(3) 当用户输入的成绩不在 0 到 100 之间时，使用 alert()函数提示录入错误，并接收新的输入。此过程需要通过 while 语句实现循环操作。

(4) 使用 if 语句判断成绩的等级。

【参考解决方案】

(1) 创建 grade.html 文件，代码如下：

```
<!DOCTYPE html>
<html>
<head>
<meta charset="gb2312" />
<title>5.G.1</title>
<script language="javascript">
        var str = prompt("请输入成绩：","");
        var g = parseInt(str);
        while (g < 0 || g > 100) {
                alert("成绩范围是 0~100！");
                str = prompt("请输入成绩：","");
                g = parseInt(str);
        }
        if (g > 90) {
```

```
                    alert("优秀");
            } else if (g > 80) {
                    alert("良好");
            } else if (g > 70) {
                    alert("中等");
            } else if (g > 60) {
                    alert("及格");
            } else {
                    alert("不及格");
            }
        </script>
    </head>
    <body>
    </body>
</html>
```

(2)　在 Chrome 中运行上述代码，会弹出一个对话框，在其中输入一个数字，如图 S4-1 所示。

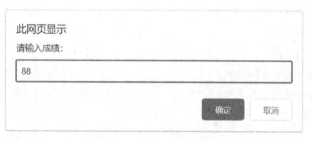

图 S4-1　输入成绩数字

输入完毕，单击【确定】按钮，如果输入的数字范围在 0 到 100 之间，会弹出如图 S4-2 所示对话框。

图 S4-2　判断成绩等级

而当输入的数范围不在 0 到 100 之间时，则会弹出如图 S4-3 所示的对话框。

图 S4-3　成绩超范围提醒

实践 4.2

在实践 4.1 的基础上，利用 switch 语句来实现不同等级的判断。

【分析】

(1) switch 是多分支语句，常用于表达式存在多种可能值的情况，并且针对这些值进行不同操作。

(2) 将原来 grade.html 中的 if…else 语句改为 switch 语句。

(3) switch 语句判断的表达式可以是整型数据。因此可以将用户输入的分数除以 10 再取整数部分，得到的十位上的数作为 switch 语句的判断表达式。

【参考解决方案】

(1) 创建 grade1.html 文件，代码如下：

```
<!DOCTYPE html>
<head>
<meta charset="gb2312" />
<title>switch</title>
<script language="javascript">
    var str = prompt("请输入成绩：","");
    var g = parseInt(str);
    while (g < 0 || g > 100) {
        alert("成绩范围是 0~100！");
        str = prompt("请输入成绩：","");
        g = parseInt(str);
    }
    //将分数除 10 再取整数部分，例如：85/10=8.5，取整数部分后为 8
    var t=Math.floor(g/10);
    switch (t) {
    case 10:
    case 9:
        alert("优秀");
        break;
    case 8:
        alert("良好");
        break;
    case 7:
        alert("中等");
        break;
    case 6:
        alert("及格");
        break;
```

```
        default:
                alert("不及格");
        }
</script>
</head>
<body></body>
</html>
```

上述代码中，使用 Math 对象的 floor()方法取数值的整数部分，再使用 switch 语句对其分情况处理。注意：第一个 case 条件后没有任何代码，这表示它与下一个 case 采用同样的操作。

(2) 在 Chrome 中运行页面，在弹出的对话框中输入数字 96，如图 S4-4 所示。

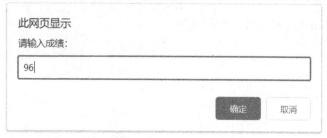

图 S4-4　输入成绩示例

输入完毕，单击【确定】按钮，将弹出如图 S4-5 所示的对话框。

图 S4-5　成绩等级判断示例

实践 4.3

用户输入行数，程序在网页中输出对应行数的菱形。要求菱形使用字符"*"填充，行数必须是奇数，否则提示错误并要求重新输入。

【分析】

(1) 使用 prompt()函数接收行数。

(2) 使用 parseInt()函数将输入字符串转换成整数。

(3) 当用户输入的行数不是奇数时，用 alert()函数提示录入错误，并接收新的输入，此过程需要通过 while 语句实现循环操作。

(4) 使用 for 语句输出菱形的上半部分，即等腰三角形。

(5) 使用 for 语句输出菱形的下半部分，即倒的等腰三角形。

(6) 使用 document.wirte()函数在页面中输出内容。

(7) 打印菱形的结构分析图，如图 S4-6 所示。

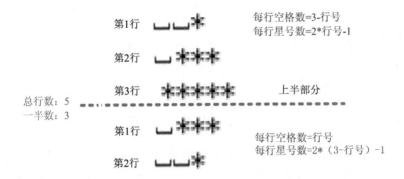

图 S4-6　菱形结构示意

【参考解决方案】

(1)　创建 diamond.html 文件，代码如下：

```html
<!DOCTYPE html>
<html>
<head>
<meta charset="gb2312" />
<title>菱形</title>
<script language="javascript">
    var str = prompt("请输入行数：","");
    var g = parseInt(str);
    while (g % 2 == 0) {
        alert("行数必须是奇数！");
        str = prompt("请输入行数：","");
        g = parseInt(str);
    }
    //计算上半部分等腰三角形的行数
    var b = (g + 1) / 2;
    //打印等腰三角形，line控制行数
    for ( var line = 1; line <= b; line++) {
        //输出空格
        for ( var i = 0; i < b - line; i++) {
            document.write(" ");
        }
        //输出*
        for ( var i = 0; i < 2 * line - 1; i++) {
            document.write("*");
        }
        //换行
        document.write("<br>");
```

```
    }
    //打印倒三角
    for ( var line = 1; line < b ; line++) {
            for ( var i = 0; i < line; i++) {
                    document.write(" ");
            }
            for ( var i = 0; i < 2 * (b - line) - 1; i++) {
                    document.write("*");
            }
            document.write("<br>");
    }
</script>
</head>
<body></body>
</html>
```

（2）在 Chrome 中运行上述代码，在弹出的对话框中输入行数 11，然后单击【确定】按钮，页面中就会输出总行数为 11 的菱形，如图 S4-7 所示。

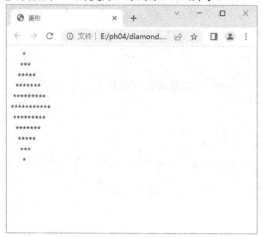

图 S4-7　输出指定行数的菱形

实践 4.4

用户输入一个不小于 3 的整数，程序在网页中输出对应长度的 Fibonacci(斐波那契)数列。Fibonacci 数列的前两个数都是 1，从第 3 个数开始，每个数都是其前两个数的和。

Fibonacci 数列的通项公式可表示为：

$$F_n = \begin{cases} 1 & (n = 1) \\ 1 & (n = 2) \\ F_{n-1} + F_{n-2} & (n \geq 3) \end{cases}$$

【分析】

(1) 使用 prompt()函数接收 Fibonacci 数列的长度。

(2) 使用 parseInt()函数将输入字符串转换成整数。

(3) 当用户输入的长度小于 3 时，用 alert()函数提示录入错误，并接收新的输入。此过程需要通过 while 语句实现循环操作。

(4) 使用 for 语句循环输出数列的每个数。

(5) 使用 document.wirte()函数在页面中输出内容。

(6) Fibonacci 算法如图 S4-8 所示。

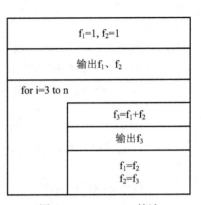

图 S4-8　Fibonacci 算法

【参考解决方案】

(1) 创建 fibonacci.html 文件，代码如下：

```html
<!DOCTYPE html>
<html>
<head>
<meta charset="gb2312" />
<title>Fibonacci 序列</title>
<script language="javascript">
        var str = prompt("请输入 Fibonacci 序列长度：","");
        var n = parseInt(str);
        while (n < 3) {
                alert("序列长度不小于 3！");
                str = prompt("输入序列长度：","");
                n = parseInt(str);
        }
        var f1 = 1;
        var f2 = 1;
        document.write(f1 + " " + f2 + " ");
        for ( var i = 3; i <= n; i++) {
                var f3 = f1 + f2;
                document.write(f3 + " ");
                f1 = f2;
                f2 = f3;
        }
</script>
</head>
<body></body>
</html>
```

(2)　在 Chrome 中运行页面，在弹出的对话框中输入数字 10，然后单击【确定】按钮，在页面中打印出的 Fibonacci 序列如图 S4-9 所示。

图 S4-9　Fibonacci 序列

1.　函数的递归调用

递归是指在一个过程内部调用自身的编程方法。递归通常将一个大问题分解成多个类似的小问题来解决，可以使程序的结构清晰直观。为了防止递归调用无终止地进行，一般都会在递归过程内设置终止语句，通常是满足某种条件后就结束递归调用，然后逐层返回。

下面采用递归的方式重新实现实践 4.4，完成 Fibonacci 数列的输出，代码如下：

```
<!DOCTYPE html>
<html>
<head>
<meta charset="gb2312" />
<title>函数的递归调用</title>
<script language="javascript">
    function fibonacci(n) {
        if (n == 1 || n == 2) {
            return 1;
        } else {
            return fibonacci(n - 1) + fibonacci(n - 2);
        }
    }
    var str = prompt("请输入 Fibonacci 序列长度：");
    var n = parseInt(str);
    while (n < 3) {
        alert("序列长度不小于 3！");
        str = prompt("输入序列长度：");
        n = parseInt(str);
    }
    for ( var i = 1; i <= n; i++) {
        document.write(fibonacci(i) + " ");
    }
</script>
</head>
```

```
<body></body>
</html>
```

在上述代码中，定义了一个递归函数 fibonacci(n)，当 n 的值为 1 或 2 时，直接返回 1，否则递归调用返回 fibonacci(n-1)+fibonacci(n-2)。

在 Chrome 中运行页面，在弹出的对话框中输入数字 10，然后单击【确定】按钮，结果如图 S4-10 所示。

图 S4-10　递归函数演示

注意　采用递归编程方法后程序结构非常清晰，更接近于人的思维方式。但是递归调用在层次比较深时会影响程序的运行效率，所以程序员需要在可读性和效率之间做出权衡。例如上面 Fibonacci 数列的例子，在递归方式下可以计算的数列长度明显比非递归方式要小得多。因此通常需要将递归转化为循环结构，但要注意并不是所有的递归都可以转化成循环。

2. 函数类型的数据

在 JavaScript 中，变量的值可以是一个函数，甚至把函数作为另一个函数的参数或者返回值也是允许的，代码如下：

```
var x = function add(a, b) {
        return a + b;
}
x(123, 456);
```

上述代码声明了一个变量 x，赋值是一个函数，所以可以通过 x()来调用。

函数也可以作为其他函数的参数，代码如下：

```
function test(f, x) {
        f(x);
}
test(alert, 123);
```

上述代码中 test()的第一个参数需要传入一个函数，调用 test()时，将 alert()函数作为参数传入，实际上相当于调用 alert(123)。

函数还可以作为另一个函数的返回值，代码如下：

```
function test() {
        return function() {
                alert(123);
        };
}
```

```
var x = test();
x();
```

上述代码中 test() 的返回值是函数，所以 x 变量实际上赋值成了一个函数，可以通过 x() 来调用。

JavaScript 中函数的合理运用能实现很多灵活的效果。例如，以下代码可实现两个数字的算术运算，用户只需输入两个数字，然后输入操作符，程序就会根据输入操作符的不同计算出不同的结果，代码如下：

```
<!DOCTYPE html>
<html>
<head>
<meta charset="gb2312" />
<title>函数的高级用法</title>
<script language="javascript">
        function plus(a, b) {
                return a + b;
        }
        function subtract(a, b) {
                return a - b;
        }
        function multiply(a, b) {
                return a * b;
        }
        function division(a, b) {
                return a / b;
        }
        function power(a, b) {
                return Math.pow(a, b);
        }
        function operate(f, a, b) {
                return f ( a, b);
        }
var a = prompt("请输入第一个数","");
var b = prompt("请输入第二个数","");
var c = prompt("请输入操作符","");
var f;
switch(c) {
        case "+" :
                f = plus;
                break;
        case "-" :
```

```
                    f = subtract;
                    break;
            case "*" :
                    f = multiply;
                    break;
            case "/" :
                    f = division;
                    break;
            case "^" :
                    f = power;
                    break;
        }
        var x = operate(f,parseFloat(a), parseFloat(b));
        alert(a + c + b + "=" + x);
</script>
</head>
<body></body>
</html>
```

上述代码中，定义了加、减、乘、除、乘方五个函数，然后定义了 operate()函数，其接收一个函数并调用它，再根据用户输入的操作符不同，将变量 f 赋值成不同的函数，最后调用 f 函数得到计算结果。

在 Chrome 中运行上述代码，首先在弹出的对话框中输入第一个数字 243，单击【确定】按钮，如图 S4-11 所示。

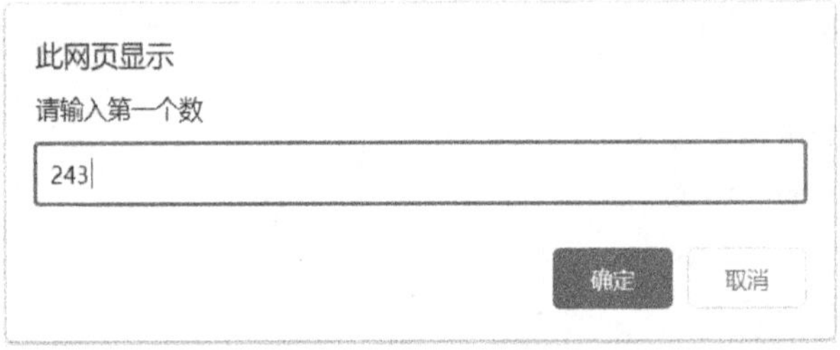

图 S4-11 输入第一个操作数

然后在弹出的对话框中输入第二个数字 0.2，单击【确定】按钮，如图 S4-12 所示。

图 S4-12 输入第二个操作数

最后在弹出的对话框中输入操作符"^"，单击【确定】按钮，如图 S4-13 所示。

图 S4-13　输入操作符

最后得到 243^0.2 的计算结果，如图 S4-14 所示。

此网页显示

243^0.2=3

确定

图 S4-14　输出计算结果

 拓展练习

练习 4.1　输入一个整数作为圆的半径，在页面输出一个圆形，并使用符号"*"填充这个圆。注意输入的数字不要太小，否则输出的圆形会看起来不够圆。

练习 4.2　输入一个整数，在页面输出该数的阶乘，要求使用递归的方式实现。

实践 5　JavaScript 对象

实践 5.1

修改用户注册页面 RegistForm.html，实现省市下拉列表的联动效果。当用户选择某个省后，城市的下拉列表中只列出这个省的对应城市。

【分析】

(1) 在 JavaScript 中声明 Province() 函数用来封装省的数据，其中含有 name 和 cities 两个属性，分别代表省名和城市列表，cities 属性使用数组表示。

(2) 当用户选择某省后，程序需要根据省名找到对应的城市列表。如果用一般的数组来保存所有的省，不可避免地会有一个遍历比对的操作，所以采用关联数组来保存。定义关联数组 provinces 存储 34 个省，将每个省构造为一个 Province() 函数的对象，并作为属性放入数组 provinces 中，属性名为省名，同时把每个省中包含的城市填充进 cities 数组中。

(3) 定义函数 select()，完成根据省的选择动态填充城市下拉列表的功能。首先需要清空城市下拉列表原来的所有选项，然后得到省的下拉列表中当前选中的省名，再根据省名找到对应的 Province 对象，进而得到该省的城市数组，最后遍历该省的所有城市，将每个城市构造为一个 Option 对象并加入城市下拉列表。

(4) 定义函数 init()，完成省名下拉列表的填充。需要遍历 provinces 数组，将每个 province 对象构造为一个 Option 对象并加入省的下拉列表。

(5) 在 body 的 onload 事件中调用 init() 函数，在省的下拉列表的 onchange 事件中调用 select()函数。

【参考解决方案】

(1) 定义 Province() 函数来封装省的数据，代码如下：

```
function Province(name, cities) {
        this.name = name;
        this.cities = cities;
}
```

(2)　定义 provinces 数组并初始化数据，代码如下：

```
var provinces = new Object();
provinces["-请选择省份名-"] = new Province("-请选择省份名-", ["-请选择城市名-"]);
provinces["北京"] = new Province("北京",
                        ["","东城","西城","崇文","宣武","朝阳",
                        "丰台","石景山","海淀","门头沟","房山",
                        "通州","顺义","昌平","大兴","平谷","怀柔",
                        "密云","延庆"]);
provinces["上海"] = new Province("上海",
                        ["","黄浦","卢湾","徐汇","长宁","静安",
                        "普陀","闸北","虹口","杨浦","闵行","宝山",
                        "嘉定","浦东","金山","松江","青浦","南汇",
                        "奉贤","崇明"]);
provinces["天津"] = new Province("天津",
                        ["","和平","东丽","河东","西青","河西",
                        "津南","南开","北辰","河北","武清","红桥",
                        "塘沽","汉沽","大港","宁河","静海","宝坻",
                        "蓟县"]);
......省略其他省的数据
```

注 意　上述代码使用关联数组的方式实现，关联数组的相关概念见知识拓展 2。

(3)　定义 select()函数，代码如下：

```
function select() {
        var c = document.regist.cities;
        c.options.length = 0;
        var province = document.regist.provinces.value;
        var cities = provinces[province].cities;
        for (var i = 0; i < cities.length; i++) {
                var o = new Option(cities[i], cities[i]);
                c.options.add(o);
        }
}
```

(4)　定义 init()函数，代码如下：

```
function init() {
        var p = document.regist.provinces;
        var c = document.regist.cities;
        for (var province in provinces) {
                var o = new Option(province, province);
                p.options.add(o);
```

```
    }
    select();
}
```

(5) 为 body 和省的下拉列表添加事件，代码如下：

```
......
<body onload="init()" >
......
<select class="sel" name="provinces" onChange="select()"></select>
......
```

(6) 在 Chrome 中运行修改后的 RegistForm.html 页面，运行结果如图 S5-1 所示。

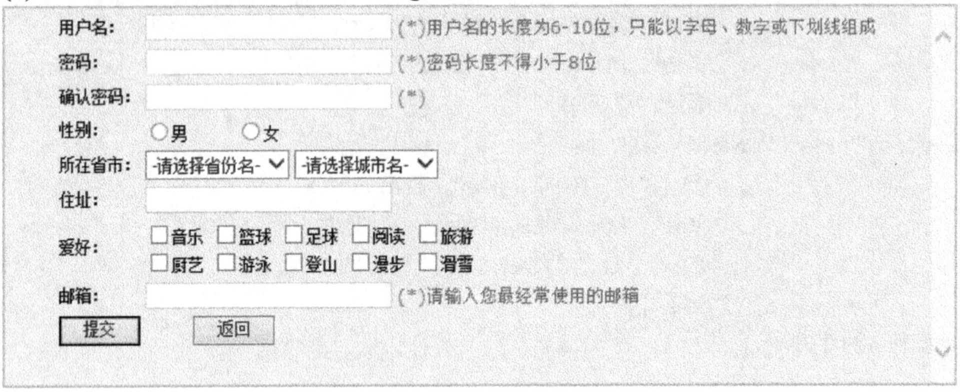

图 S5-1　用户注册页面效果

在省级下拉列表中选择"山东"，可以看到城市下拉列表中自动出现了山东的下属区县，如图 S5-2 所示。

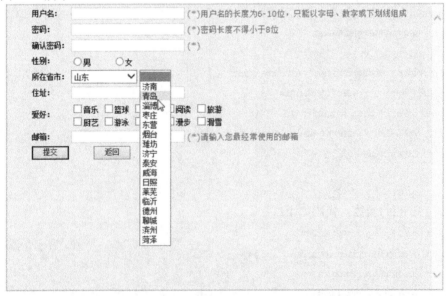

图 S5-2　城市下拉列表效果

在省级下拉列表中选择"上海"，可以看到城市下拉列表中变为上海对应的区县，如图 S5-3 所示。

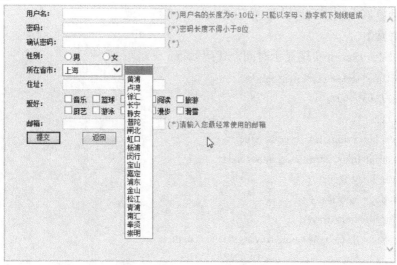

图 S5-3　上海下属区县选择示意

实 践 5.2

在源码网首页显示客户端的当前时间，采用"2023 年 5 月 28 日星期日上午 9:46:08"的格式显示。

【分析】

JavaScript 中提供了获取日期时间的一系列函数，如表 S5-1 所示为 JavaScript 中日期相关函数。

表 S5-1　JavaScript 中日期相关函数

方　法	功　能
getYear()	获取当前年份(2 位)
getFullYear()	获取完整的年份(4 位)
getMonth()	获取当前月份(0~11，0 代表 1 月)
getDate()	获取当前日(1~31)
getDay()	获取当前星期 X(0~6，0 代表星期天)
getTime()	获取当前时间(从 1970-1-1 0:0:0:0 开始的毫秒数)
getHours()	获取当前小时数(0~23)
getMinutes()	获取当前分钟数(0~59)
getSeconds()	获取当前秒数(0~59)
getMilliseconds()	获取当前毫秒数(0~999)
toLocaleDateString()	获取当前日期的本地格式字符串
toLocaleTimeString()	获取当前时间的本地格式字符串
toLocaleString()	获取日期与时间的本地格式字符串

通过表 S5-1 中列举的函数，可以获取取得当前的客户端时间并显示在网页中：在首

页 index.html 中的上部导航条位置添加一个 div，div 通过 JavaScript 显示当前时间。当前时间需要每秒更新一次，这可以通过 setTimeout()函数实现。

【参考解决方案】

(1) 通过 JavaScript 实现显示时间，代码如下：

```
<div id="currentTime" style="text-align:right">
<script type="text/javascript">
    function tick() {
            var hours, minutes, seconds, xfile;
            var intHours, intMinutes, intSeconds;
            var today, theday;
            today = new Date();
            function initArray(){
                    this.length = initArray.arguments.length
                    for(var i = 0; i < this.length; i++)
                            this[i + 1] = initArray.arguments[i]
            }
            var d = new initArray(
                            "星期日",
                            "星期一",
                            "星期二",
                            "星期三",
                            "星期四",
                            "星期五",
                            "星期六");
            theday = today.getFullYear() + "年"
                    + (today.getMonth() + 1) + "月"
                    + today.getDate() + "日"
                    + d[today.getDay() + 1];
            intHours = today.getHours();
            intMinutes = today.getMinutes();
            intSeconds = today.getSeconds();
            if (intHours == 0) {
                    hours = "12:";
                    xfile = " 午夜 ";
            } else if (intHours < 12) {
                    hours = intHours + ":";
                    xfile = " 上午 ";
            } else if (intHours == 12) {
                    hours = "12:";
                    xfile = " 正午 ";
```

```
        } else {
                intHours = intHours - 12
                hours = intHours + ":";
                xfile = " 下午 ";
        }
        if (intMinutes < 10) {
                minutes = "0" + intMinutes + ":";
        } else {
                minutes = intMinutes + ":";
        }
        if (intSeconds < 10) {
                seconds = "0" + intSeconds + " ";
        } else {
                seconds = intSeconds + " ";
        }
        timeString = theday + xfile + hours + minutes + seconds;
        currentTime.innerHTML = timeString;
        window.setTimeout("tick();", 1000);
    }
    window.onload = tick;
</script>
</div>
```

(2)　在 Chrome 中运行修改后的首页，效果如图 S5-4 所示。

图 S5-4　源码网首页

 **知识拓展**

1.　日历

网页设计中经常会遇到显示日历的需求。例如，以下代码使用 JavaScript 在网页上显示了一个简单的日历：

```
<!DOCTYPE html>
<html>
<head>
<title>日历</title>
<meta http-equiv="Content-Type" content="text/html; charset=gb2312">
<SCRIPT>
//创建一个函数，用于存放每个月的天数
function montharr(m0, m1, m2, m3, m4, m5, m6, m7, m8, m9, m10, m11) {
        this[0] = m0;
        this[1] = m1;
        this[2] = m2;
        this[3] = m3;
        this[4] = m4;
        this[5] = m5;
        this[6] = m6;
        this[7] = m7;
        this[8] = m8;
        this[9] = m9;
        this[10] = m10;
        this[11] = m11;
}
//实现日历
function calendar() {
        var today = new Date();
        var year = today.getFullYear();
        var thisDay = today.getDate();
        var monthDays = new montharr(31, 28, 31, 30, 31, 30, 31, 31, 30, 31,
                30, 31);
        if (((year % 4 == 0) && (year % 100 != 0)) || (year % 400 == 0))
                monthDays[1] = 29; // 闰年
        var nDays = monthDays[today.getMonth()];
        firstDay = today;
        firstDay.setDate(1);
        testMe = firstDay.getDate();
        if (testMe == 2)
                firstDay.setDate(0);
        startDay = firstDay.getDay();
        document.write("<DIV id='rili'
                style='position:absolute;width:140px;left:300px;top:100px;'>")
```

```
document.write("<TABLE width='217' BORDER='0' CELLSPACING='0'
        CELLPADDING='2' BGCOLOR='#0080FF'>")
document.write("<TR><TD><TABLE border='0' cellspacing='1'
        cellpadding='2'  bgcolor='Silver'>");
document.write("<TR><th colspan='7' bgcolor='#C8E3FF'>");
var dayNames = new Array("星期日","星期一","星期二",
                                "星期三","星期四","星期五","星期六");
var monthNames = new Array("1 月","2 月","3 月","4 月","5 月","6 月",
                        "7 月","8 月","9 月","10 月","11 月","12 月");
var now = new Date();
document.writeln("<FONT STYLE='font-size:9pt;Color:#330099'>"
                        + "公元 " + now.getFullYear() + "年"
                        + monthNames[now.getMonth()]
                        + now.getDate() + "日 " + dayNames[now.getDay()]
                        + "</FONT>");
document.writeln("</TH></TR><TR><TH BGCOLOR='#0080FF'>
        <FONT STYLE='font-size:9pt;Color:White'>日</FONT></TH>");
document.writeln("<th BGCOLOR='#0080FF'>
        <FONT STYLE='font-size:9pt;Color:White'>一</FONT></TH>");
document.writeln("<TH BGCOLOR='#0080FF'>
        <FONT STYLE='font-size:9pt;Color:White'>二</FONT></TH>");
document.writeln("<TH BGCOLOR='#0080FF'>
        <FONT STYLE='font-size:9pt;Color:White'>三</FONT></TH>");
document.writeln("<TH BGCOLOR='#0080FF'>
        <FONT STYLE='font-size:9pt;Color:White'>四</FONT></TH>");
document.writeln("<TH BGCOLOR='#0080FF'>
        <FONT STYLE='font-size:9pt;Color:White'>五</FONT></TH>");
document.writeln("<TH BGCOLOR='#0080FF'>
        <FONT STYLE='font-size:9pt;Color:White'>六</FONT></TH>");
document.writeln("</TR><TR>");
column = 0;
for (i=0; i<startDay; i++) {
        document.writeln("\n<TD><FONT STYLE='font-size:9pt'>
                </FONT></TD>");
        column++;
}

for (i=1; i<=nDays; i++) {
        if (i == thisDay) {
                document.writeln("</TD><TD ALIGN='CENTER'
```

```
                        BGCOLOR='#FF8040'>
                            <FONT STYLE='font-size:9pt;Color:#ffffff'><B>");
            } else {
                    document.writeln("</TD><TD BGCOLOR='#FFFFFF'
                        ALIGN='CENTER'>
                            <FONT STYLE='font-size:9pt; font-family:Arial;
                                font-weight:bold; Color:#330066'>");
            }
            document.writeln(i);
            if (i == thisDay)
                    document.writeln("</FONT></TD>")
            column++;
            if (column == 7) {
                    document.writeln("<TR>");
                    column = 0;
            }
        }
        document.writeln("<TR><TD COLSPAN='7' ALIGN='CENTER' VALIGN='TOP'
            BGCOLOR='#0080FF'>")
        document.writeln("<FORM NAME='clock' onSubmit='0'>
            <FONT STYLE='font-size:9pt;Color:#ffffff'>")
        document.writeln("现在时间:<INPUT TYPE='Text' NAME='face' ALIGN='TOP'>
            </FONT></FORM></TD></TR></TABLE>")
        document.writeln("</TD></TR></TABLE></DIV>");
}

var timerID = null;
var timerRunning = false;

function stopclock () {
        if(timerRunning)
                clearTimeout(timerID);
        timerRunning = false;
}

//显示当前时间
function showtime () {
        var now = new Date();
        var hours = now.getHours();
        var minutes = now.getMinutes();
```

```
        var seconds = now.getSeconds()
        var timeValue = " " + ((hours >12) ? hours - 12 :hours)
        timeValue += ((minutes < 10) ? ":0" : ":") + minutes
        timeValue += ((seconds < 10) ? ":0" : ":") + seconds
        timeValue += (hours >= 12) ? " 下午 " : " 上午 "
        document.clock.face.value = timeValue;
        timerID = setTimeout("showtime()",1000);//设置超时，使时间动态显示
        timerRunning = true;
}

function startclock () {
        stopclock();
        showtime();
}
</SCRIPT>


</head>

<body onLoad="startclock();">
<script>calendar();</script>
</body>
</html>
```

通过 Chrome 查看该 HTML，结果如图 S5-5 所示。

公元 2023年5月28日 星期日						
日	一	二	三	四	五	六
	1	2	3	4	5	6
7	8	9	10	11	12	13
14	15	16	17	18	19	20
21	22	23	24	25	26	27
28	29	30	31			
现在时间	9:33:41 下午					

图 S5-5　当前时间日历

2. 关联数组

使用以下格式的代码，可以对一个对象的属性进行动态创建和存取：

```
object["property"]
```

这种方式通常被称为关联数组(associative array)。关联数组是一个数据结构，允许用户动态地将任意数值和任意字符串关联在一起。

当存取对象属性时，可以通过运算符"**.**"进行访问；而对于数组来说，还可以使用运算符"[ ]"进行属性访问，例如下面两行代码是等价的：

```
object.property
object["property"]
```

上述两种方式的主要区别是：前者的属性名是标识符，后者的属性名则是一个字符串。

在强类型语言(如 C、C++、Java)中，一个对象的属性数是固定的，且必须预定义这些属性的名字。而 JavaScript 是一种弱类型语言，它并不采用这一规则，所以在 JavaScript 编写的程序中，可以动态地为对象创建任意数目的属性。但是，当采用运算符 "." 来存取一个对象的属性时，属性名是用标识符表示的，而标识符不是一种数据类型，因此程序不能直接对它们进行操作；但当用数组的运算符 "[ ]" 来存取一个对象的属性时，属性名是用字符串表示的，而字符串是一种数据类型，因此可以在程序运行的过程中操作并创建它们。

下面演示在页面 AssociateArrayEG.html 中使用运算符 "[]" 来动态创建对象的属性，代码如下：

```html
<html>
<head>
        <title>关联数组</title>
<script language="javascript">
//创建 Object 类型的对象
var obj  = new Object();
var i = 0;
//任意输入多个数值
while(true){
        //动态输入属性名字
        var proName =  prompt("输入对象属性，要结束时请输入'end'","");
        if(proName == 'end'){
                break;
        }
        obj[proName]=i;//obj.proName 则不合法
        i++;
}
var sum=0;
//动态取得 obj 的属性
for ( p in obj )
{
        sum +=obj[p];//obj.p 不合法
}
alert("运算的和是： "+sum);
</script>
</head>
<body>
```

```
</body>
</html>
```

通过 Chrome 查看该 HTML 网页，在页面上输入 "aa"、"bb"、"cc"，最后输入 "end"，结果如图 S5-6 所示。

图 S5-6　运算结果

由于用户是在程序运行过程中输入属性名的，用户无法知道该属性名，因此在编写程序时可以通过运算符 "[ ]" 来命名属性。

本质上，JavaScript 对象在内部是用关联数组实现的。

注 意

 拓展练习

实现一个页面抽奖程序。在页面上显示一个【抽奖】按钮，单击该按钮后，程序从 1 到 31 的数字中随机抽取 7 个不同的数字作为选择的号码显示在页面上。

实践 6　　DOM 编程

实践指导

实践 6.1

使用 window.open()函数，打开新窗口，显示用户注册页面。

【分析】

使用 window.open()函数可以打开一个新窗口。在主页 index.html 的【注册】按钮的单击事件里调用 window.open()函数，打开一个新窗口，显示注册页面 RegistForm.html 即可。

【参考解决方案】

(1) 在主页 index.html 中添加如下 JavaScript 代码：

```
<script type="text/javascript">
    function openRegist() {
        window.open("RegistForm.html","",
        "left=300, top=245,
        height=260,width=610,
        status=yes,
        toolbar=no,
        menuba=no,
        location=no,
        resizable=no,
        alwaysRaised=yes,
        depended=yes");
    }
</script>
```

上述代码使用 window.open() 函数打开一个新的浏览器窗口，并在其中加载 RegistForm.html 页面。

(2) 修改【注册】按钮的 onclick 事件，以调用 openRegist()函数，代码如下：

```
<input type="button" value="注册" onclick="openRegist()">
```

(3)　在 Chrome 中运行 index.html 页面，单击【注册】按钮后效果如图 S6-1 所示。

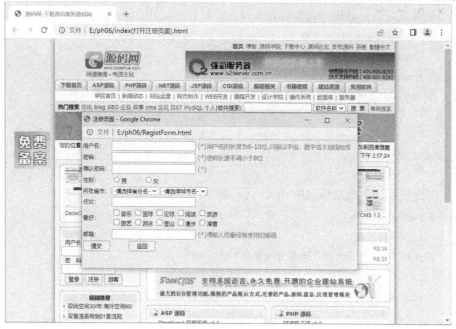

图 S6-1　在新窗口中显示注册页面

实 践 6.2

用户确认注册信息后，使用半透明效果提示注册成功信息，要求使用 div 实现。

【分析】

(1)　创建一个占满整个屏幕的 div，使用 opacity 属性设置其为半透明效果。

(2)　创建一个位于屏幕中间的 div，用来显示注册成功信息，还需要提供一个按钮以关闭这个 div。

(3)　在注册页面上提交按钮的 onclick 事件中显示步骤(2)创建的 div。

(4)　上述 div 等 HTML 元素可以在注册页面直接定义。本实践是为了演示 DOM 编程的方法，将采用在 JavaScript 中动态创建这些 HTML 元素的方式。

【参考解决方案】

(1)　在注册页面 RegistForm.html 中定义 JavaScript 函数 showMessage()，函数首先创建占满整个屏幕的半透明 div，代码如下：

```
function showMessage() {
    // 使用 DOM 方式创建占满整个屏幕的半透明 div
    var shadow = document.createElement("div");   // 创建 div 元素
    shadow.setAttribute("id", "shadow");   // 指定 id 属性值为 shadow
    // 指定这种样式
    shadow.style.position="absolute";
    shadow.style.left="0";
```

```
            shadow.style.top="0";
            shadow.style.width="100%";
            shadow.style.height="100%";
            shadow.style.zIndex="10";
            shadow.style.backgroundColor="#06C";
            使用 opacity 属性实现半透明效果

                    shadow.style.opacity = 0.3; // 非 IE 浏览器
    ......//省略其他步骤
    }
```

(2) 创建显示注册成功信息的 div, 代码如下:

```
function showMessage() {
        ......(省略)
        // 使用 DOM 方式创建占满整个屏幕的半透明 div

        // 创建显示提示信息的 div
        var divWin = document.createElement("div");
        divWin.setAttribute("id", "window");
        divWin.style.zIndex="999"; // 显示在最上方
        // 标题部分
        var divTitle = document.createElement("div");
        divTitle.setAttribute("id", "win-tl");
        var H2 = document.createElement("h2"); // 标题左部
        var txtTitle = document.createTextNode("注册成功");
        H2.appendChild(txtTitle);
        var closeBar=document.createElement("div"); // 标题右部
        closeBar.setAttribute("id", "closebar");
        var A = document.createElement("a"); // 关闭的超级链接
        A.innerHTML="X";
        A.setAttribute("href", "#1");
        A.setAttribute("id", "btnClose");
        A.setAttribute("title", "关闭窗口");
        closeBar.appendChild(A);
        divTitle.appendChild(H2);
        divTitle.appendChild(closeBar);
        // 内容部分
        var Container = document.createElement("div");
        Container.setAttribute("id","msg-content");
        var INFO=document.createElement("div"); // 中部信息
        INFO.setAttribute("id","info");
```

```
        var H3 = document.createElement("h3");
        H3.innerHTML="恭喜您注册成功！";
        var P = document.createElement("p");
        P.innerHTML="您现在可以登录网站";
        INFO.appendChild(H3);
        INFO.appendChild(P);
        var Btns=document.createElement("div"); // 下部按钮
        Btns.setAttribute("id","btns");
        var btnEnter=document.createElement("a");
        btnEnter.setAttribute("id","btnEnter");
        btnEnter.setAttribute("href","#1");
        var txtEnter=document.createTextNode("确 定");
        btnEnter.appendChild(txtEnter);
        Btns.appendChild(btnEnter);
        Container.appendChild(INFO);
        Container.appendChild(Btns);
        divWin.appendChild(divTitle);
        divWin.appendChild(Container);
        document.body.appendChild(shadow);
        document.body.appendChild(divWin);
// ......省略，其他步骤
}
```

(3) 给关闭和确认这两个超链接添加 onclick 事件，单击时移除整个 div，代码如下：

```
    function showMessage() {
        var win = document.getElementById("window");
        var shadow = document.getElementById("shadow");
        var btnClose = document.getElementById("btnClose");
        var btnEnter = document.getElementById("btnEnter");

        btnEnter.onclick = btnClose.onclick = function() {
            document.body.removeChild(win);
            document.body.removeChild(shadow);
        }
    }
```

(4) 设置上述动态创建的 div 分别对应的样式，代码如下：

```
<style type="text/css">
#window{
    position:absolute;
    left:50%;
    top:50%;
```

```
        width:400px;
        height:180px;
        margin:-90px 0 0 -200px;
        border:1px solid #06B;
        background-color:white;
}
#win-tl{
        margin:0 auto;
        width:394px;
        padding-left:6px;
        color:#15428b;
        font:bold 12px tahoma,arial,verdana,sans-serif;
        zoom:1;
        height:24px;
        background-color:#6BD;
}
#win-tl h2{
        float:left;
        width:369px;
        height:16px;
        overflow:hidden;
        padding:4px 0 4px 0;
        font-size:12px;
        line-height:16px;
}
#closebar{
        float:left;
        width:15px;
        height:15px;
        text-align:right;
        padding:5px 4px 4px 0;
        overflow:hidden;
}
#info{
        margin:0 auto;
        width:294px;
        height:58px;
        padding:35px 10px 10px 82px;
        text-align:left;
        overflow:hidden;
```

```
}
#btns{

        margin:0 auto;

        width:230px;

        height:22px;

        text-align:center;

}
</style>
```

(5)　给注册页面的【提交】按钮添加 onclick 事件，单击时调用 showMessage()函数，代码如下：

```
<input type="button" name="submit" id="submit" class="btn" value="提交"

onclick="showMessage()"/>
```

(6)　在 Chrome 中运行该 HTML 页面，单击【注册】按钮打开注册页面，然后单击【提交】按钮，运行效果如图 S6-2 所示。

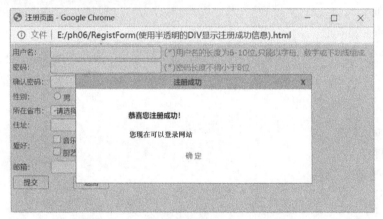

图 S6-2　使用半透明效果显示注册成功信息

 **知识拓展**

1.　opacity 属性

opacity 属性用于设置元素的不透明级别，默认值是 1。其语法格式如下：

```
opacity: value|inherit;
```

其中：

◇　value 规定不透明度，从 0.0(完全透明)到 1.0(完全不透明)。

◇　inherit 规定 opacity 属性的值应该从父元素继承。

当 opacity 属性的值应用于某个元素时，是把这个元素(包括它的内容)当成一个整体看待。因此，一个元素和它包含的子元素都具有相同的透明度，即使这个元素和它的子元素有不同的 opacity 属性值。

下面用一个示例来演示使用 opacity 属性的效果，代码如下：

```html
<!DOCTYPE html>
<html>
<head>
  <meta charset="UTF-8">
  <title>调整元素透明度</title>
  <style type="text/css">
    .light {
      width: 200px;
      height: 20px;
      background-color:blue;
      opacity: 0;
    }
    .medium {
      width: 200px;
      height: 20px;
      background-color: blue;
      opacity: 0.5;
    }
    .heavy {
      width: 200px;
      height: 20px;
      background-color: blue;
      opacity: 1;
    }
    .father{
      width: 400px;
      height: 20px;
      background-color: blue;
      opacity:0.2;
    }
  </style>
</head>
<body>
  <div class="light" name="div1">元素完全透明</div>
  <div class="medium" name="div2">元素半透明</div>
  <div class="heavy" name="div3">元素完全不透明</div><div class="medium" name="divfather">
      <div name="divson">元素跟随父元素继承 opacity 属性的值</div>
</div>
    </body>
```

```
</html>
```

　　在 Chrome 中运行上述代码，运行结果如图 S6-3 所示。可以看到，由于 div1、div2 和 div3 的 opacity 属性值分别为 0、0.5 和 1，所以它们分别是透明的、半透明的和不透明的。divson 虽然没有设置 opacity 属性，但它作为 divfather 的子元素，其 opacity 属性值与其父元素 divfather 的一样，为 0.2，接近透明。

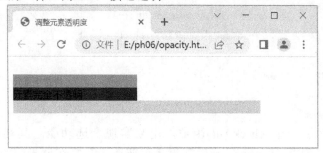

图 S6-3　半透明效果提示注册成功信息

2.　全选特效

　　在网页上经常需要提供一次选中全部复选框的功能，因为同一组复选框 name 的属性一般相同，所以全选功能可以通过 getElementsByName()函数方便地实现。

　　在源码网的注册页面中，用户可以使用复选框勾选爱好，现要在页面中添加一个【全部选择】复选框，单击时会选中全部爱好，再次单击时会取消所有选中的爱好，实现代码如下：

```
<tr>
    <td align="right">爱好：</td>
    <td>
        <input type="checkbox" name="interest" value="music"/>音乐
        <input type="checkbox" name="interest" value="basketball"/>篮球
        <input type="checkbox" name="interest" value="football"/>足球
        <input type="checkbox" name="interest" value="reading"/>阅读
        <input type="checkbox" name="interest" value="travel"/>旅游<br/>
        <input type="checkbox" name="interest" value="cuisine"/>厨艺
        <input type="checkbox" name="interest" value="swim"/>游泳
        <input type="checkbox" name="interest" value="mountaineer"/>登山
        <input type="checkbox" name="interest" value="walk"/>漫步
        <input type="checkbox" name="interest" value="ski"/>滑雪
        <input type="checkbox" id="allInterest" name="allInterest"
                    value="allInterest" onclick="checkAll()"/>
        全部选择
        <script>
            function checkAll() {
                // 全部选择的复选框
                var check =
```

```
                                        document.getElementById("allInterest").checked;
                            // 所有的爱好复选框
                            var interests =
                                        document.getElementsByName("interest");
                            // 修改每个爱好复选框的选择状态
                            for (var i = 0; i < interests.length; i++)
                                        interests[i].checked = check;

                    }
            </script>
        </td>
</tr>
```

上述代码定义了一个 checkAll()函数，用来实现全选功能。其实现过程是：使用 document 对象的 getElementById()函数获得【全部选择】复选框当前的选择状态，通过 getElementsByName()函数获取所有的爱好复选框并封装为一个数组，然后遍历此数组，将每个爱好复选框的 checked 属性设置为与【全部选择】复选框一致。

在 Chrome 中运行注册页面，效果如图 S6-4 所示。

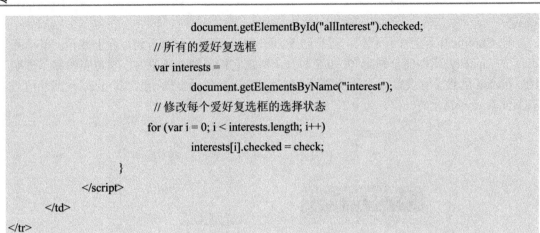

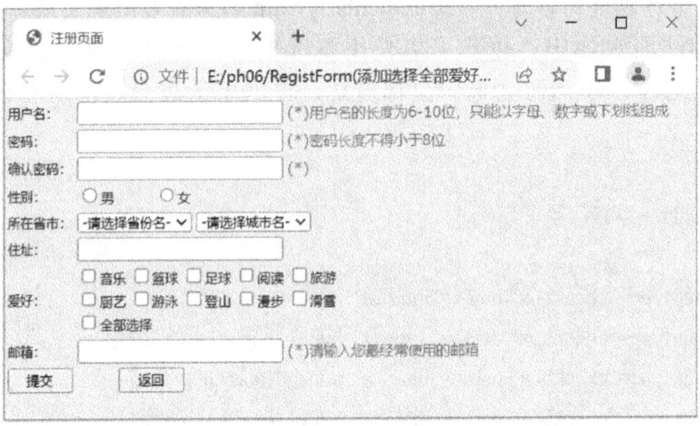

图 S6-4　添加爱好全选功能的注册页面

单击【全部选择】复选框，效果如图 S6-5 所示。

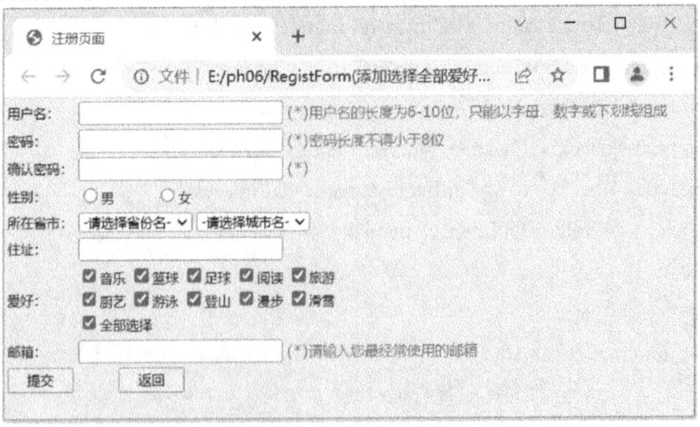

图 S6-5　全选效果演示

再次单击【全部选择】复选框，则取消每个爱好复选框的选择，回到如图 S6-4 所示的效果。

3．表格结构

网页上经常需要由用户来控制表格的结构，比如对表格进行添加、删除行操作，这些功能可以通过 JavaScript 来完成。HTML 中的 table、tr 对象提供了很多方法和属性，可以用来修改结构。table 和 tr 对象的常用方法如表 S6-1 所示。

表 S6-1　table、tr 对象的常用方法

对象	方法	说　　明
table	insertRow	添加一行。如果有参数，表示添加到参数所在行的前面，否则添加到最后
	deleteRow	删除一行。如果有参数，表示删除参数所在行，否则删除最后一行
tr	insertCell	添加一个单元格。如果有参数，表示添加到参数所在单元格的前面，否则添加到最后
	deleteCell	删除一个单元格。如果有参数，表示删除参数所在单元格，否则删除最后一个单元格

table、tr 对象的常用属性如表 S6-2 所示。

表 S6-2　table、tr 对象的常用属性

对象	属性	说　　明
table	rows	行的集合
tr	cells	单元格的集合
	rowIndex	当前行的索引号(从 0 开始编号)

利用表 S6-1 和表 S6-2 中的方法和属性实现表格结构的动态修改功能，代码如下：

```
<html>
<head>
<style>
    table {background-color:black;}
    tr {background-color:white;}
    td {width:80px;height:20px;text-align:center}
</style>
</head>
<script>
    var CELL_NUMBER = 4; // 每行的单元格个数
    var selectedRows = new Array(); // 暂存选中的行


    // 添加行
```

```javascript
function addRow() {
    var table = document.getElementById("table");
    var existsRows = table.rows.length; // 已有的总行数
    var row = table.insertRow(); // 添加新行到最后
    row.onclick = function() { // 给新行注册单击事件
        if (!selectedRows[this.rowIndex]) { // 如果没选中
            selectedRows[this.rowIndex] = true; // 保存选中标志
            this.style.backgroundColor = "#CFC"; // 修改背景色
        } else { // 已被选中
            // 取消选中标志
            selectedRows[this.rowIndex] = undefined;
            this.style.backgroundColor = "WHITE"; // 修改背景色
        }
    }

    var cell0 = row.insertCell(); // 添加第 1 个单元格
    //在每行的第一个单元格内显示所在行的行号
    cell0.innerHTML = existsRows + 1;
    for (var i = 1; i < CELL_NUMBER; i++) // 添加其他单元格
        var cell = row.insertCell();
}

// 删除行
function removeRow() {
    var table = document.getElementById("table");
    // 遍历选中的标志，删除对应的行
    for (var i = selectedRows.length - 1; i >= 0; i--)
        if (selectedRows[i])
            table.deleteRow(i);
    selectedRows.length = 0; // 清空选中标志
    // 重新整理剩余行的信息
    for (var i = 0; i < table.rows.length; i++) {
        var row = table.rows[i];
        //给第 1 个单元格重新编号
        row.cells[0].innerHTML = i + 1;
        row.onclick = function () { // 重新注册单击事件
            if (!selectedRows[this.rowIndex]) {
                selectedRows[this.rowIndex] = true;
                this.style.backgroundColor = "#CFC";
            }
```

```
                                    else {
                                            selectedRows[this.rowIndex] = undefined;
                                            this.style.backgroundColor = "WHITE";
                                    }
                            }
                    }
            }
</script>
<body>
        <input type=button value=" + " onclick="addRow()"/>
        <input type=button value=" - " onclick="removeRow()"/>
        <table id="table" cellspacing="1" />
</body>
</html>
```

在 Chrome 中运行此页面，会显示【+】、【－】两个按钮。单击【+】按钮后，会将新行添加到表格中，单击三次【+】按钮后，就添加了三个新行，如图 S6-6 所示。

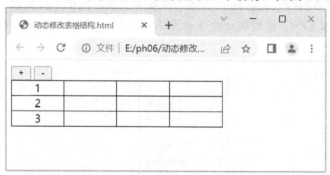

图 S6-6　在页面中添加三行表格

选中某些行，对应行的背景色会改变，如图 S6-7 所示。

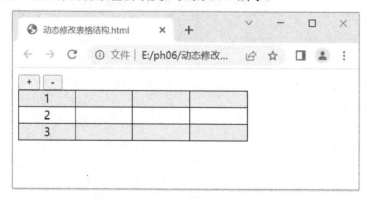

图 S6-7　修改选中的 1、3 行的背景色

单击【-】按钮，选中的行会消失，并且剩余的行会重新编号，如图 S6-8 所示。

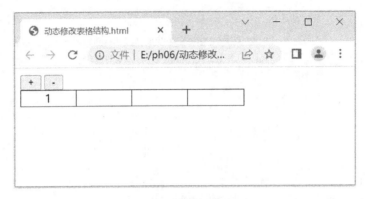

图 S6-8　删除 1、3 行

可以继续单击按钮，添加新行或删除选中的行。

拓展练习

实现动态修改下拉列表选择项的功能。在页面上添加两个下拉列表和两个按钮，要求通过单击【>>】和【<<】按钮将一个下拉列表中被选中的选项移到另一个下拉列表中，如图 S6-9 所示。

图 S6-9　动态修改下拉列表示意

实践 7　表单验证及特效

 实践指导

实践 7.1

完成用户注册页面的输入数据验证。

【分析】

为了避免用户在注册时提交错误的信息，在注册页面 RegistForm.html 提交表单前，需要对输入的数据进行验证。需要验证的内容如下：

(1) 必须输入用户名，并且长度在 6 至 10 位之间，只能由字母、数字或下划线组成。验证时首先要检查长度，其次是组成用户名的字符。

(2) 必须输入密码，并且长度不得小于 8 位，确认密码和密码必须保持一致。

(3) 必须输入邮箱，并且符合标准的邮箱格式。

【参考解决方案】

(1) 在注册页面 RegistForm.html 中创建函数 CheckData()用于检查数据，完成对用户名、密码、确认密码、邮箱的数据检查，代码如下：

```
function checkData() {
    var userName = document.regist.userName;
    if (userName.value.length == 0)          {
            alert("请输入用户名！");
            userName.focus();
            return false;
    }
    if (userName.value.length < 6 || userName.value.length > 10) {
            alert("用户名的长度为 6 至 10 位，请重新输入！");
            userName.focus();
            return false;
    }
    for (var i = 0; i < userName.value.length; i++) {
            var c = userName.value.charAt(i);
            if (!(c >= '0' && c <= '9') // 不是数字
```

```
                && !(c >= 'a' && c <= 'z') // 不是小写字符
                && !(c >= 'A' && c <= 'Z') // 不是大写字符
                && c != '_')    { // 不是下划线
                    alert("用户名必须由数字、字母或下划线组成, 请重新输入! ");
                    userName.focus();
                    return false;
            }
    }
    var psd = document.regist.psd;
    var conPsd = document.regist.conPsd;
    if (psd.value.length == 0) {
            alert("请输入密码! ");
            psd.focus();
            return false;
    }
    if (psd.value.length < 8)        {
            alert("密码的长度不能低于8位, 请重新输入! ");
            psd.focus();
            return false;
    }
    if (psd.value != conPsd.value) {
            alert("两次输入密码不一致, 请重新输入! ");
            conPsd.focus();
            return false;
    }

    var email = document.regist.email;
    if (email.value.length == 0) {
            alert("请输入邮箱! ");
            email.focus();
            return false;
    }
    // 邮箱格式采用正则表达式来检查
    var reEmail = /^\w+((-\w+)|(\.\w+))*\@[A-Za-z0-9]
                    +((\.|-)[A-Za-z0-9]+)*\.[A-Za-z0-9]+$/;
    if (!reEmail.test(email.value)) {
            alert("您输入的邮箱格式不正确, 请重新输入! ");
            email.focus();
            return false;
    }
    return true;
}
```

上述代码在检查邮箱格式时使用了正则表达式, 有关常用正则表达式的使用方法请参见知识拓展 1。

(2) 在表单的 onsubmit 事件中调用 checkData()函数，代码如下：

```
<form method="post" name="regist" onsubmit="return checkData()">
```

(3) 在 Chrome 中运行注册页面。如果输入的数据不符合要求，就会提示相关的错误信息，如图 S7-1 所示。

图 S7-1 用户名输入错误提示

实践 7.2

实现源码网首页上部广告图片的自动切换功能。

【分析】

(1) 将<img>元素的 display 样式值设置为 block 或 none，可实现图片的显示和隐藏。

(2) setInterval()函数可以实现定时执行某段代码的功能。

(3) 通过 setInterval()函数每隔一段时间轮换显示一张图片并隐藏其他图片，可实现图片的自动切换。

【参考解决方案】

(1) 修改源码网主页面 index.html，在上部广告图片位置放置三张图片，代码如下：

```
<img id="ad1" src="./images/1.png" style="display:none;">
<img id="ad2" src="./images/2.png" style="display:none;">
<img id="ad3" src="./images/3.png" style="display:block;">
```

上述代码中，三张图片分别指定了顺序编号的 id 值，并将初始显示的图片 display 样式值设置为 block，其余图片设置为 none。

(2) 添加 JavaScript 代码，完成图片的轮换显示，代码如下：

```
<script>
    var ad = 1; // 当前要显示图片的编号
    function loopAdImg() {
        for (var i = 1; i <= 3; i++) {
            var adImg = document.getElementById("ad" + i);
            if (i == ad)
```

```
                    adImg.style.display = "block";
                else
                    adImg.style.display = "none";
            }
            ad++;
            if (ad == 4)
                ad = 1;
        }
        setInterval("loopAdImg()", 3000);
</script>
```

上述代码中，首先定义了全局变量 ad 来保存当前显示图片的编号；然后定义了 loopAdImg()函数来循环三张图片，即显示变量 ad 对应的图片，隐藏其余图片，并使 ad 值加 1；最后通过 setInterval()函数每隔 3 秒钟调用一次 loopAdImg()函数，这样就实现了广告图片的轮换显示效果。

(3) 在 Chrome 中运行修改后的页面，效果如图 S7-2 所示，每隔 3 秒切换一次广告图片(切换效果请运行后查看)。

图 S7-2　自动切换广告图片

实践 7.3

实现源码网首页上部软件缩略图的横向滚动效果。

【分析】

图片的滚动效果需要多个 div 配合完成，步骤如下：

(1) 定义层 div1，将 overflow 样式设置为 hidden，并指定具体的显示宽度。

(2) 定义层 div2，使其位于 div1 内部，并指定足够大的宽度。

(3) 定义两个层 div3 和 div4，使其位于 div2 内部，在 div3 中放置需要滚动的图片。

(4) 在 JavaScript 中，首先将 div3 的内容复制到 div4 中，然后定义函数 f()，在函数中通过设置 div1 的 scrollLeft 属性使其向右移动，当 div1 移动的距离大于所有图片的总宽度 w 时，使其一次性向左移动距离 w。

(5) 最后通过 setInterval()函数定时调用 f()函数，实现图片向左滚动的效果。

【参考解决方案】

(1) 修改源码网主页 index.html 实现图片滚动效果，代码如下：

```
<div id="commend" style="overflow:hidden;width:740px;height:131px">
<div id="scrollSoft0" style="float:left;width:800%">
<div id="scrollSoft1" style="float:left">
```

```
<div class="box_xs">
    <ul>
    <li class="box_xs_t"> </li>
    <li class="box_xs_c"><a href="#">
<img src="./images/soft1.jpg" width="125" height="95" border="0" />
</a></li>
    <li class="box_xs_c2"><a href="#">某软件 1..</a></li>
    <li class="box_xs_b"> </li>
    </ul>
</div>
<div class="box_xs">
    <ul>
    <li class="box_xs_t"> </li>
    <li class="box_xs_c"><a href="#">
<img src="./images/soft2.jpg" width="125" height="95" border="0" />
</a></li>
    <li class="box_xs_c2"><a href="#">某软件 2..</a></li>
    <li class="box_xs_b"> </li>
    </ul>
</div>
...... 其他图片
</div>
<div id="scrollSoft2" style="float:left;"></div>
</div>
</div>
<script>
    var speed = 10;
    var tab = document.getElementById("commend");
    var tab1 = document.getElementById("scrollSoft1");
    var tab2 = document.getElementById("scrollSoft2");
    tab2.innerHTML = tab1.innerHTML;
    function Marquee() {
        if(tab2.offsetWidth - tab.scrollLeft<=0)
            tab.scrollLeft -= tab1.offsetWidth; // 左移相当于所有图片宽度的距离
        else
            tab.scrollLeft++; // 右移一个像素
    }
    var MyMar = setInterval(Marquee,speed);
    tab.onmouseover = function() {
        clearInterval(MyMar); // 鼠标经过时暂停滚动
```

```
        };
        tab.onmouseout = function() {
                MyMar = setInterval(Marquee, speed);
        };
</script>
```

(2) 在 Chrome 中运行修改后的主页，可以看到软件缩略图向左滚动的效果，如图 S7-3 所示(动态滚动效果请运行后查看)。

图 S7-3　图片横向滚动效果

1. 常用正则表达式

正则表达式是指使用某种模式匹配一类字符串的公式，由普通字符和元字符组成。普通字符包括大小写的字母和数字，而元字符则具有特殊的含义。正则表达式常被用于字符串处理、表单验证等场合，比较常用的正则表达式及其作用如表 S7-1 所示。

表 S7-1　常用的正则表达式及其作用

正则表达式	作　　用
[\u4e00-\u9fa5]	匹配中文字符
[^\x00-\xff]	匹配双字节字符(包括汉字在内)
\n[\s|]*\r	匹配空行
(^\s*)|(\s*$)	匹配首尾空格
/(\d+)\.(\d+)\.(\d+)\.(\d+)/g	匹配 IP 地址
/^\w+((-\w+)|(\.\w+))*\@[A-Za-z0-9]+((\.|-)[A-Za-z0-9]+)*\.[A-Za-z0-9]	匹配邮箱地址
/^-?\\d+$/	匹配整数
/^\w+$/	匹配字母和下画线

以下代码演示了常见正则表达式的用法：

```
<!DOCTYPE html PUBLIC "-//W3C//DTD XHTML 1.0 Transitional//EN"
    "http://www.w3.org/TR/xhtml11/DTD/xhtml1-transitional.dtd">
<html xmlns="http://www.w3.org/1999/xhtml">
```

```html
<head>
<meta http-equiv="Content-Type" content="text/html; charset=gb2312" />
<title>正则表达式</title>
</head>
<body>
        <h3>输入完按回车后即可验证！</h3>
        <table>
                <tr>
                        <td>正整数:</td>
                        <td><input onkeydown="if(event.keyCode == 13)
                                        alert(/^\d+$/.test(this.value));" />
                        </td>
                </tr>
                <tr>
                        <td>负整数:</td>
                        <td><input onkeydown="if(event.keyCode == 13)
                                        alert(/^-\d+$/.test(this.value));" />
                        </td>
                </tr>
                <tr>
                        <td>整    数:</td>
                        <td><input onkeydown="if(event.keyCode == 13)
                                        alert(/^-?\d+$/.test(this.value));" />
                        </td>
                </tr>
                <tr>
                        <td>正小数:</td>
                        <td><input onkeydown="if(event.keyCode == 13)
                                        alert(/^\d+\.\d+$/.test(this.value));" />
                        </td>
                </tr>
                <tr>
                        <td>负小数:</td>
                        <td><input onkeydown="if(event.keyCode == 13)
                                        alert(/^-\d+\.\d+$/.test(this.value));" />
                        </td>
                </tr>
                <tr>
                        <td>小    数:</td>
                        <td><input onkeydown="if(event.keyCode == 13)
```

```
                    alert(/^-?\d+\.\d+$/.test(this.value));" />
                </td>
            </tr>
            <tr>
                <td>保留 1 位小数:</td>
                <td><input onkeydown="if(event.keyCode == 13)
                        alert(/^-?\d+(\.\d{1,1})?$/.test(this.value));"/>
                </td>
            </tr>
            <tr>
                <td>保留 2 位小数:</td>
                <td><input onkeydown="if(event.keyCode == 13)
                        alert(/^-?\d+(\.\d{1,2})?$/.test(this.value));"/>
                </td>
            </tr>
            <tr>
                <td>保留 3 位小数:</td>
                <td><input onkeydown="if(event.keyCode == 13)
                        alert(/^-?\d+(\.\d{1,3})?$/.test(this.value));"/>
                </td>
            </tr>
        </table>
</body>
</html>
```

2. div 的拖动效果

网页设计中，经常需要通过拖动 div 来实现一些动态效果，这需要依赖 div 的 onmousedown、onmouseup、onmousemove 三个事件：在 onmousedown 事件中记录鼠标按下时的初始位置，并设置拖动标志为 true；在 onmousemove 事件中判断拖动标志，如果为 true，则根据鼠标的移动距离修改 div 的位置；在 onmouseup 事件中设置拖动标志为 false。

以下代码演示了一个简单的 div 拖动效果实例：

```
<HTML>
    <HEAD>
    <style>
            div {font-family:Arial;
                    font-size:60pt;
                    color:white;
                    text-align:center;
                    width:100px;
                    height:100px;
```

```
                    position:absolute;
            }
</style>
<script>
        var x;
        var y;
        var z;
        var draging;
        function down(e, popDiv) {

                z = popDiv.style.zIndex; // 原来的 z-index
                popDiv.style.zIndex = 999; // 拖动时显示在最上层
                e = e || window.event; // 区分浏览器
                // 保存鼠标相对于 div 的位置
                x = e.clientX - parseInt(popDiv.style.left);
                y = e.clientY - parseInt(popDiv.style.top);
                draging = true; // 拖动标志置为 true
        }
        function move(e, popDiv) {
                if(draging == true) { // 如果是在拖动
                        e = e || window.event; // 区分浏览器
                        // 修改 div 的位置
                        popDiv.style.left = (e.clientX - x) + "px";
                        popDiv.style.top = (e.clientY - y) + "px";
                }
        }
        function up(popDiv) {

                popDiv.style.zIndex = z; // 拖动完成后改回原来的 z-index
                draging = false; // 拖动标志置 false

        }
</script>
</HEAD>
<BODY>
        <div style='left:0;top:0;background-color:#FF9999'
                onmousedown='down(event, this)'
                onmouseup='up(this)'
                onmousemove='move(event, this)' >A
        </div>
        <div style='left:100px;top:0;background-color:#77DD77'
```

```
            onmousedown='down(event, this)'
            onmouseup='up(this)'
            onmousemove='move(event, this)' >B
    </div>
    <div style='left:0;top:100px;background-color:#9999FF'
            onmousedown='down(event, this)'
            onmouseup='up(this)'
            onmousemove='move(event, this)' >C
    </div>
    <div style='left:100px;top:100px;background-color:#999999'
            onmousedown='down(event, this)'
            onmouseup='up(this)'
            onmousemove='move(event, this)' >D
    </div>
</BODY>
</HTML>
```

上述代码中定义了 4 个 div，指定了 div 的 position 样式为 absolute，也指定了 left 和 top 样式的值，对 div 进行绝对定位。然后给 div 注册了 onmousedown、onmouseup、onmousemove 三个事件，分别调用对应的 JavaScript 函数。

在 Chrome 中运行上述代码，效果如图 S7-4 所示。使用鼠标拖动 4 个 div 后，效果如图 S7-5 所示。

图 S7-4　初始状态

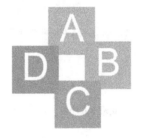

图 S7-5　拖动之后的状态

 拓展练习

源码网首页的左侧有一个浮动的广告图片，用户滚动页面时图片会跟随移动，从而保持其在可见区域的位置不变。请修改首页代码，将该广告图片改为四处飘动的效果，即图片从初始位置向某个方向移动，当移动到页面边缘时反弹，转而向新的方向移动。